Rupert Sheldrake
Terence McKenna
Ralph Abraham

Denken am Rande des Undenkbaren

Terence McKenna, Ralph Abraham, Rupert Sheldrake
(Foto: Tom Galloway)

Rupert Sheldrake
Terence McKenna
Ralph Abraham

Denken am Rande des Undenkbaren

Über Ordnung und Chaos,
Physik und Metaphysik,
Ego und Weltseele

Scherz

2. Auflage 1993

Einzig berechtigte Übersetzung aus dem Englischen
von Hans-Ulrich Möhring.
Titel der Originalausgabe: «Trialogues at the Edge of the West».
Erschienen bei Bear & Co., Inc., Santa Fe, USA.

Schutzumschlag von Zembsch' Werkstatt
unter Verwendung eines Dias
der Bildagentur Bavaria.

Inhalt

Die Autoren

Ralph Abraham
geboren 1936 in Vermont, USA, promovierte 1960 an der University of Michigan in Mathematik. Während seiner Lehrtätigkeit an der University of California in Berkeley sowie an der Columbia und der Princeton University war er beteiligt an der Entwicklung der Globalen Analyse, eines neuen Zweiges der Mathematik. Seit 1968 lehrt er an der University of California in Santa Cruz, wo er maßgeblichen Anteil an der Formulierung verschiedener neuer Theorien (nichtlineare Dynamik, Chaos und Bifurkation) hatte. Er ist der Verfasser mehrerer mathematischer Werke, darunter auch eine vierbändige, reichbebilderte Einführung in die Dynamik *(Dynamics, the Geometry of Behavior)*. Nach einer dreijährigen Reise durch Europa und Indien begann er, über die Grenzen der Mathematik hinausgehend, ihrer Rolle in der individuellen und gesellschaftlichen Entwicklung nachzufragen, was seinen Niederschlag in einer Reihe von Artikeln gefunden hat sowie in einem Buch mit dem Titel *Chaos, Gaia, Eros*. Er lebt in einem Redwood-Waldgebiet und geht

am liebsten mit seinen zwei erwachsenen Söhnen Ski fahren und Surfen.

TERENCE MCKENNA

1946 geborener Autor und Forschungsreisender, hat sich während der letzten 25 Jahre mit den ontologischen Grundlagen des Schamanismus und der Ethnopharmakologie der spirituellen Wandlung beschäftigt. Sein Studium an der University of California in Berkeley schloß er in den Fächern Ökologie, Ressourcenschutz und Schamanismus ab. Nach dem Studium unternahm er ausgedehnte Reisen durch die Tropen Asiens und der Neuen Welt, wo er Feldforschung auf dem Gebiet des Schamanismus und der Ethnomedizin des Amazonasbeckens betrieb. Mit seinem Bruder Dennis schrieb er das Buch *The Invisible Landscape.* Zu seinen weiteren Buchveröffentlichungen gehören *The Archaic Revival, Food of the Gods* und *True Hallucinations* (deutsch: *Wahre Halluzinationen*). Zur Zeit lebt er mit seiner Frau, der Künstlerin Kat Harrison McKenna, und zwei gemeinsamen Kindern auf Hawaii und in Kalifornien. Auf Hawaii ist er der Gründer und Leiter von Botanical Dimensions, einem gemeinnützigen Forschungsunternehmen, bestehend aus einem botanischen Garten und einem Keimplasmazentrum mit dem Ziel der Sammlung und Züchtung von Pflanzen, die von ethnopharmakologischem Interesse sind. In Kalifornien ist seine Zeit mit Schreiben und Vorträgen ausgefüllt.

RUPERT SHELDRAKE

wurde 1942 im englischen Newark-on-Trent geboren. Er studierte Naturwissenschaften in Cambridge und Philosophie in Harvard, wo er ein Frank Knox Fellow war. Er promovierte 1967 in Cambridge in Biochemie und wurde noch im selben Jahr Dozent am Clare College, Cambridge, wo er bis 1973 Studienberater in Biochemie und Zellbiologie war. Als Forschungsstipendiat der Royal Society arbeitete er in Cambridge über Pflanzenwachstum und Zellenalterung. Von 1974 bis 1978 war er leitender Pflanzenphysiologe am International Crops Research Institute for the Semi-Arid Tropics (ICRISAT) im indischen Hyderabad, wo er über die Physiologie tropischer Leguminosen arbeitete. Er war noch bis 1985 bei ICRISAT als wissenschaftlicher Berater für Pflanzenphysiologie tätig. Er ist der Autor von *A New Science of Life* (deutsch: *Das schöpferischer Universum*), *The Presence of the Past* (deutsch: *Das Gedächtnis der Natur*) und *The Rebirth of Nature* (deutsch: *Die Wiedergeburt der Natur*).

Vorwort

Dieses Buch ist aus einer Reihe von Diskussionen erwachsen, die wir im Laufe von sieben Jahren führten. Bei unserem ersten Treffen 1982 war die Freude groß, als wir merkten, daß unsere diversen Interessengebiete und Denkweisen synergetisch waren. Wir konnten gemeinsam unseren aktuellen Interessen auf den Grund gehen, so daß das Gespräch für uns und für andere ebenso aufregend wie anregend war. Unsere Freundschaft ist uns in unserem individuellen Forschen und Schreiben ein Quell der Inspiration gewesen.

Vom 8. bis 12. September 1989 fanden wir uns im Esalen Institute von Big Sur in Kalifornien zu vier Gesprächstagen zusammen. Die ersten beiden Tage gab es ein öffentliches Programm mit Zweier- und Dreiergesprächen; die anderen beiden Tage trafen wir uns privat. Die bearbeiteten Mitschriften unserer Diskussionen bilden die Basis dieses Buches. Wir nannten diese Gespräche *Trialogues at the Edge of the West («Dreiergespräche am Grenzrand des Westens»)*, erstens, weil diese Trialoge am äußersten geographischen Rand des Westens stattfanden, und zweitens, weil sie, in einem metaphorischen Sinne, den Versuch darstellen, die äußersten Grenzen des Denkens in unserer heutigen abendländischen Kultur auszuloten. Jeder von uns ist ein Pionier in neuen Theoriegefilden: Ralph Abraham in der neuen Wissenschaft vom Chaos, Terence McKenna in der Neubewertung der psychedelischen Erfahrung und schamanischer Tradition und Rupert Sheldrake in einem neuen Verständnis der Natur, ausgehend vom Konzept eines «Gedächtnisses» der Natur. Wohin führen diese Entwicklungen? In welchem Verhältnis stehen sie zueinander, zur Religion und zur visionären Erfahrung, zu unserem Verständnis der kosmischen Evolution, zur Resakralisierung der Erde, zur gegenwärtigen ökonomischen und politischen Krise und zum Anbruch eines neuen Jahrtausends? Das sind einige der Fragen, die wir in diesen Gesprächen diskutieren.

In diesem Buch fragen wir auch nach der Natur des Dialogs selbst. Seit Platon werden Dialoge als Zweiergespräche als eine unvergleichlich wirkungsvolle Möglichkeit begriffen, das Reich des Denkens zu durchmessen: Sie bilden die Grundlage der dialektischen Methode. Doch insofern, als die Dialektik zweier Standpunkte eine Synthese ergeben kann, setzt sie einen dritten Standtpunkt voraus, der die zwei Ausgangspositionen einschließt. Wir haben festgestellt, daß Dreiergespräche eine harmonischere Dynamik besitzen als Zweiergespräche, zum Teil deshalb, weil die in einem fruchtbaren Zweiergespräch implizite Synthese von der dritten Person explizit gemacht werden kann. Es gibt derzeit ein wiedererwachendes Interesse an der Form des Dialogs (das bekannteste Beispiel ist vielleicht die Diskussionsreihe mit Joseph Campbell und Bill

Moyers), und wir hoffen, daß unser Buch dazu beitragen wird, den Sinn für die Dynamik von solchen Gesprächen weiter zu vertiefen.

Das Buch fängt an mit einer Serie von drei Gesprächen, in denen immer zwei von uns sich miteinander unterhalten, wobei der Dritte gegen Ende der Diskussion einen Kommentar abgibt. In diesen Zweiergesprächen und dem Dreiergespräch «Die Weltseele und der Pilz» untersuchten wir die Beziehungen zwischen Kreativität, Chaos und Imagination und ihr Verhältnis zur Seele der Welt. Rupert bezog den Standpunkt der evolutionären Kreativität, Ralph den des Chaos und Terence den der Imagination. Auf diese Diskussionen folgten drei weitere Dreiergespräche, abwechselnd von einem von uns geleitet, über «Das Licht und der Sehvorgang», «Die Resakralisierung der Erde» und «Die Apokalypse». Ein Jahr später trafen wir uns erneut und führten zwei weitere Gespräche über «Geistwesen» und «Das Unbewußte».

Wir kennen kein vergleichbares Buch. Wir hoffen, daß die Erregung, mit der wir den verschiedenen Gedanken gemeinsam nachgingen, sich den Lesern mitteilen wird. Wir glauben, daß unsere Erfahrung im gemeinsamen Gespräch und unsere persönliche Affinität unseren Diskussionen einen inneren Zusammenhalt gibt, der es uns gestattet, thematisch weit auszugreifen. Dieses Buch müßte eigentlich jeden ansprechen, der sich für die derzeitigen Entwicklungen im naturwissenschaftlichen Denken, den Aufschwung des grünen Bewußtseins, visionäre Erfahrungen, ein neues Verhältnis zur Natur, das Wiedererstarken der Religion und die Zukunft des Westens interessiert. Wir glauben, daß das Buch seine Leser vor allem dann ansprechen wird, wenn diese sich davon stimulieren lassen, diese Diskussionen in eigenen Überlegungen und gemeinsam mit Freunden fortzuführen.

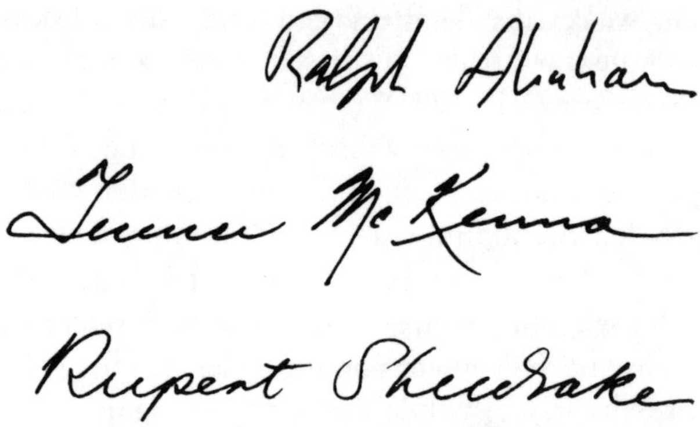

Ich postuliere eine Art Gedächtnis, das in jedem Organismus als sein morphogenetisches Feld oder morphisches Feld, wie ich es nenne, angelegt ist. Im Lauf der Zeit bilden die Organismen jeden Typs ein kumulatives kollektives Gedächtnis aus. Die Regelmäßigkeiten der Natur sind habitueller Art. Die Dinge sind, wie sie sind, weil sie waren, wie sie waren. Das Universum ist ein in ständiger Entwicklung begriffenes System von Gewohnheiten.

Rupert Sheldrake

Den Schlüssel zu dem, was sich in Geschichte und allen möglichen Schöpfungs- und Fortschrittsprozessen abspielt, sehe ich darin, den Vollendungszustand am Schluß als ein höherdimensionales Etwas zu begreifen, das über die niedrigeren Organisationsdimensionen, von denen dieses Universum eine ist, einen riesenhaften tanzenden Schatten wirft.

Terence McKenna

Es gibt noch eine andere Ebene, die ich Chaos nennen werde oder das Unbewußte Gaias. Es enthält keine Form, sondern den Ursprung der Form, die Energie der Form, die Urform der Form, den Stoff, aus dem die Form besteht.

Ralph Abraham

1. *Kreativität und Imagination*

Rupert: Es herrscht zur Zeit in der Naturwissenschaft eine tiefe Krise, die die Wissenschaft, wie wir sie kennen, von Grund auf verändern wird. Zwei der fundamentalen Wirklichkeitsmodelle des Westens stehen in schärfstem Widerspruch zueinander. Denn die bestehende Weltanschauung der Naturwissenschaft ist eine instabile Verbindung zweier großer, zusammenstoßender tektonischer Theorieplatten. Wo sie sich treffen, kommt es zu großen theoretischen Erdbeben und Rissen und Ausbrüchen von Spekulationsvulkanen.

Eines dieser Modelle besagt, daß allem, was wir kennen, sehen, erfahren und fühlen, etwas unveränderlich Bleibendes zugrunde liegt. In der Newtonschen Physik hat diese *Permanenz* zwei Aspekte. Zunächst einmal gibt es die Permanenz der ewigen mathematischen Naturgesetze, die Newton und Descartes für Ideen im Geist Gottes hielten, eines Gottes, der gleichsam Mathematiker ist. Das Bild Gottes als ein transzendenter immaterieller Mathematiker, der die mathematischen Naturgesetze als ewige Ideen in sich faßt, ist eine stellung, die sich, zumindest unter Mathematikern, zeitloser Beliebtheit erfreut.

Die andere Art von Permanenz liegt in den sich bewegenden Atomen der Materie. Alle materiellen Objekte gelten als Permutationen und Kombinationen dieser unveränderlichen Atome. Die Bewegung, in die sie einbegriffen sind, ist ebenfalls permanent und konstant. Diese Permanenzen werden in den Sätzen von der Erhaltung der Materie und der Energie zusammengefaßt: Die Stoffmenge insgesamt bleibt immer gleich, ebenso die Energiemenge insgesamt. Auf der allerelementarsten Ebene verändert sich im Grunde nichts. Auch die Naturgesetze verändern sich nicht. Dieses Modell einer ewigen Natur der Natur ist die Grundlage der Physik und Chemie gewesen und liegt physikalischen und chemischen Gedankengängen immer noch weitgehend zugrunde.

Die andere Auffassung ist der *Evolutionsgedanke*, den wir von der jüdisch-christlichen Seite unseres kulturellen Erbes haben. Der biblischen Schilderung zufolge vollzieht sich in der Geschichte ein fortschreitender Entwicklungsprozeß, aber dieser Prozeß ist auf die menschliche Sphäre beschränkt. Im 17. Jahrhundert wurde dieser religiöse Glaube mit der Vorstellung des menschlichen Fortschritts durch Wissenschaft und Technik säkularisiert, und ab Ende des 18. Jahrhunderts trat der Gedanke des menschlichen Fortschritts in Europa in den Vordergrund. Im 19. Jahrhundert wurde dann mit der Theorie der biologischen Evolution die Entwicklung des Menschen als Teil eines allmählichen Fortschreitens begriffen, das allem Leben gemeinsam ist.

Erst in den sechziger Jahren dieses Jahrhunderts gaben die Physiker endlich ihre ewige, statische Kosmologie auf und gelangten zu einer evolutionären Auffassung vom Universum. Mit der Urknalltheorie wurde das Universum im wesentlichen evolutionär. Diese noch sehr junge Revolution in der Naturwissenschaft verändert unsere Weltanschauung total, denn das eigentliche Fundament der Naturwissenschaft ist ihre Kosmologie, ihr Grundmodell des Kosmos.

Wenn die Natur aber insgesamt eine Entwicklung durchmacht, was ist dann mit den ewigen Naturgesetzen, die über lange Jahrhunderte von den Naturwissenschaftlern ganz selbstverständlich vorausgesetzt wurden? Wo waren sie *vor* dem Urknall? Sie hatten doch gar keinen Seinsgrund, es gab kein Universum. Wenn die Naturgesetze schon vor dem Urknall alle da waren, dann mußten sie als physisch ungreifbare, ideelle Formen in einer Art von permanentem mathematischen Geist wohnen, sei es im Geist Gottes oder im Geist des Kosmos oder einfach im Geist eines immateriellen Mathematikers.

Diese Annahme wird von den Physikern und den meisten heutigen Kosmologen noch immer nicht ernsthaft in Frage gestellt, nicht einmal ansatzweise. Und doch ist sie eine Vorstellung, die über einem theoretischen Abgrund hängt, denn es gibt keinen zwingenden Grund zu meinen, daß die Naturgesetze in einem sich laufend entwickelnden Universum permanent seien. Wenn das Universum sich entwickelt, dann könnten die Naturgesetze sich durchaus auch entwickeln. Ja, allein schon die Vorstellung von Naturgesetzen könnte an der Sache vorbeigehen. Es wäre vielleicht besser, von sich entwickelnden *Naturgewohnheiten* auszugehen.

Die Urknalltheorie hat Ähnlichkeit mit der antiken mythologischen Vorstellung, die den Kosmos mit dem Platzen des Welteies anfangen läßt, gefolgt vom Wachstum des daraus hervorgehenden Organismus. Diese embryologische Metapher steht für ein Entwicklungsmodell, das heute die Vorstellung einer ewigen Maschine oder einer Maschine, der langsam der Dampf ausgeht, durch die eines wachsenden, sich entwickelnden Organismus ablöst, der sich innerlich differenziert und so neue Formen und Muster bildet. Auf der Erde läßt dieser evolutionäre Prozeß alle Formen mikrobischen, tierischen und pflanzlichen Lebens entstehen, desgleichen die vielen und mannigfaltigen Formen menschlicher Kultur.

Es erhebt sich somit die Frage, wie dieser Prozeß vonstatten geht. In meinen Büchern *Das schöpferische Universum* und *Das Gedächtnis der Natur* bemühe ich mich zu verstehen, wie die Naturgewohnheiten sich herausbilden können. Ich postuliere dort eine Art *Gedächtnis*, das in jedem Organismus als sein morphogenetisches oder morphisches Feld, wie ich es nenne, angelegt ist. Im Lauf der Zeit bilden die Organismen jeden Typs ein kumulatives kollektives Gedächtnis aus. Die Regelmäßigkeiten der Natur sind habitueller Art. Die Dinge sind, wie sie sind, weil sie waren, wie sie waren. Das Universum ist ein in ständiger Entwicklung begriffenes System von Gewohnheiten.

Zum Beispiel: Wenn ein Kristall entsteht, hängt die Form, die er annimmt, davon ab, auf welche Weise in der Vergangenheit ähnliche Kristalle gebildet wurden. Im Bereich des Tierverhaltens besagt diese Theorie zum Beispiel: Wenn man Ratten in San Francisco zu etwas abrichtet, dann geht davon ein unsichtbarer Einfluß aus, durch den Ratten dieser Art überall auf der Welt leichter zu derselben Verrichtung imstande sein werden. Die bereits vorliegenden experimentellen Belege dafür, daß diese Effekte tatsächlich vorkommen, habe ich in meinen Büchern dargestellt. Die Hypothese unterstellt ferner, daß durch ein kollektives menschliches Gedächtnis auch wir Menschen in unseren Lernprozessen auf dem aufbauen können, was andere Menschen vor uns gelernt haben. Das ist eine Idee, die große Ähnlichkeit mit Jungs kollektivem Unbewußten hat.

Offensichtlich ist das nur ein Teil des Ganzen. Wenn das Universum ein System von Gewohnheiten ist, woraus entstehen dann neue Muster? Welche Grundlage hat die Kreativität? Wie im Leben jedes einzelnen muß es auch in der Evolution eine Wechselwirkung zwischen Gewohnheit und Neuschöpfung geben. Eine Theorie der evolutionären Gewöhnung verlangt zugleich eine Theorie der evolutionären Kreativität. Was läßt neue Ideen entstehen, Beethovens Symphonien, naturwissenschaftliche Theorien, neue Kunstwerke, neue Kulturformen, Instinkte in Vögeln und anderen Tieren, Pflanzen-, Blüten- und Blattformen, die vielen Gesteins- und Kristallarten und die ganzen galaktischen, stellaren und planetarischen Organisationsformen? Welche schöpferische Kraft könnte allen diesen Vorgängen zugrunde liegen?

Wie es scheint, sind zwei grundsätzliche Antworten darauf im Umlauf. Eine davon ist die materialistische Auffassung, welche besagt, daß das Ganze das Ergebnis blinden Zufalls ist, daß es nichts gibt als das Dunkel blind ablaufender materieller Prozesse, aus denen dann durch Zufall etwas Neues hervorgeht. Sie sagt im Grunde: «Es steht keine Vernunftursache dahinter. Es gibt daran nichts zu verstehen. Was entsteht, entsteht, und damit basta.»

Die andere Theorie kommt aus der Tradition der platonischen Theologie und besagt, daß alles Neue, was geschieht, und jede neue Form, die auftritt, einem ewigen Archetypus entspricht, einer ewigen Idee im Geist Gottes oder einer ewigen Formel im mathematischen Geist des Kosmos.

Die evolutionäre Kreativität ist jedoch ein fortwährender Schöpfungsvorgang. Sie ist ein ständiges Werden, genau wie die Welt. Sie ist kein einmaliger Schöpfungsakt am Anfang. Ein anderes Modell zum Verständnis der Kreativität liefern uns unsere Imaginationen, die nicht voll von festgeschriebenen platonischen Ideen sind, sondern die sich mit einer immer wieder neu überraschenden kreativen Fülle entfalten und verändern.

Könnte es eine in der Natur wirkende Imagination geben, die eine Ähnlichkeit mit unseren Imaginationen hat? Könnten unsere Imaginationen bloß *ein* bewußter Aspekt einer Phantasietätigkeit sein, die in der ganzen natürlichen Welt am Werk ist, vielleicht unbewußt wie unter der Oberfläche unserer Träume, vielleicht manchmal bewußt? Könnte eine solche fortwährende Phantasietätigkeit die Grundlage der evolutionären Kreativität in der ganzen Natur sein, genau wie in der menschlichen Sphäre?

Das sind Fragen, die ich dir, Terence, stellen möchte, weil du dich gründlicher als die meisten von uns mit dem Bereich der Imagination befaßt hast.

TERENCE: Ja, ich bin mir sicher, daß wir das Verhältnis zwischen Kreativität und Imagination zentral ins Auge fassen müssen, wenn wir die Entstehung von Formen aus der Unordnung verstehen wollen. Die ganze Vorstellung «ewiger» Naturgesetze wird angesichts des Urknalls fragwürdig. Wo waren sie davor? Man muß entweder die Hypothese eines platonischen Überraumes aufstellen, in dem diese Gesetze aus unbegreiflichen Gründen schon da waren, oder man muß sagen, daß die Naturgesetze im Augenblick des Urknalls auf irgendeine Weise ganz und vollständig mit entsprangen. Es ist sehr schwer einzusehen, auf welche Weise komplexe Naturgesetze wie etwa die Aufspaltung der Gene unter den Bedingungen extremster Hochtemperatur und nichtmolekularer Systeme, wie sie am Anfang des Universums herrschten, hätten existieren können. In meinen Überlegungen dazu, wie Muster im Universum entstanden, habe ich daher versucht, die ganzen alten orthodoxen Positionen zu nehmen und sie auf den Kopf zu stellen. Ich halte das für einen sinnvollen ersten Schritt.

Also, ist es vielleicht möglich, daß das Universum ein System ist, in dem weiter fortgeschrittene Ordnungsformen frühere Organisationsstufen beeinflussen? Das ist es, was sich in Ralph Abrahams Arbeit mit den chaotischen Attraktoren abzeichnet. Der Name «Attraktoren» besagt, daß diese höheren Formen Einfluß auf nicht so organisierte Zustände ausüben und sie zu einem Endzustand hinziehen.

Den Schlüssel zu dem, was sich in Geschichte und allen möglichen Schöpfungs- und Fortschrittsprozessen abspielt, sehe ich darin, den Vollendungszustand am Schluß als ein höherdimensionales Etwas zu begreifen, das über die niedrigeren Organisationsdimensionen, von denen dieses Universum eine ist, einen riesenhaften tanzenden Schatten wirft. Wenn wir uns zum Beispiel im menschlichen Bereich die Geschichte anschauen, sehen wir darin eine endlose Folge von Erwartungen: «Das goldene Zeitalter kommt!» «Der Messias wartet gleich hinter der nächsten Ecke!» «Große Veränderungen stehen uns ins Haus!» Alle diese Beschwörungen des Wandels unterstellen ein transzendentes Etwas, das in vielen, vielen Dimensionen als großer Attraktor wirkt, indem es Bilder auswirft, die durch die Matrizes der niedrigeren Dimensionen hindurchschimmern. Diese Schattenbilder sind die Grundlage für den Drang der Natur zu immer größerer Formenvielfalt, für den Durst der menschlichen Seele nach immer tieferem Eintauchen in das Schöne, für den Hunger der menschlichen Geschichte nach immer größerem Ausdruck von Komplexität.

Wenn ich also über die Begriffe Chaos, Kreativität, Imagination nachdenke, erscheinen sie mir als eine Art Dreitaktmotor. Jeder Takt treibt die anderen an, und so entsteht ein sich verstärkender Kreislauf, der die Organismen stabilisiert und die im Dasein befindlichen Prozesse erhält. Das Ganze ist eine synergetische Motorik: Aufstieg aus dem Chaos, durch die Schöpfung hindurch zur Imagination, zurück ins Chaos, hinaus in die Schöpfung und so weiter. Sie vollzieht sich auf vielen Ebenen gleichzeitig. Das heißt, der Planet durchläuft ein Schicksal.

Das Modell, das wir heute alle für selbstverständlich halten, die «Tiefenzeit», die Zeit der Geologie, wurde erst um die Jahrhundertwende entwickelt. Es ist kosmisch erhebend, sich das Universum als etwas ungemein Altes zu denken, aber ich glaube, es ist an der Zeit, neben die Vorstellung der kosmischen Tiefenzeit die Vorstellung des jähen chaotischen Wandels zu stellen, des unerwarteten Fließens, der plötzlichen Störung. Nachdem wir unsere Einsicht in den Werdegang des organischen Lebens auf fast drei Milliarden Jahre zurück in die Vergangenheit ausgeweitet haben, deckt das Studium der Tiefenzeit gewaltige Einschnitte in der Entwicklung des Universums auf. Erinnere dich etwa an den Asteroideneinschlag vor 65 Millionen Jahren, bei dem auf diesem Planeten nichts, was mehr als kükengroß war, davonkam.

Die Tiefenzeit lehrt uns: Du hast vielleicht nicht soviel Zeit, wie du dachtest; das Universum ist dynamisch, fähig zu jähen Wendungen. Diese Situation verlangt von uns eine neue Grundeinstellung, in der die Imagination gewissermaßen ein Leitstern ist, ein Späher, der uns auf unserem Gang in die Geschichte vorausgeht. Die Imagination ist so etwas wie eine eschatologische Größe, deren Einfluß die ganze zeitliche Dimension und das ganze morphogenetische Feld durchstrahlt.

Wenn das morphogenetische Feld nicht den Gesetzen unterliegt, nach denen der Einfluß mit dem Quadrat der Entfernung abnimmt, dann sehe ich nicht ein, weshalb es nicht am Endpunkt eines kosmischen Prozesses stehen sollte. Eine Vorstellung hat mir schon immer zu denken gegeben, nämlich die Singularität dessen, was die Physiker den «Big Bang» nennen. Mit der Theorie des Urknalls läßt sich nichts von dem voraussagen, was im Moment des Urknalls geschieht, und dennoch folgt daraus alles, was geschieht, und unsere sämtlichen Theorien. Die ungeheure Unwahrscheinlichkeit, auf der die moderne Naturwissenschaft beruht, ohne daß sie jedoch bereit wäre, sie zur Diskussion zu stellen, ist die Annahme, das Universum sei in einem einzigen Moment dem Nichts entsprungen. Wenn man *das* glauben kann, dann dürfte es kaum etwas geben, was man nicht glauben könnte. Dennoch sind solche intellektuellen Verrenkungen in der Wissenschaft an der Tagesordnung, wenn es darum geht, bestimmte Theorien zu retten.

Ich möchte einen anderen Gedanken zur Diskussion stellen, den ich für außerordentlich glaubwürdig halte. Mit der Komplexität eines Systems nimmt auch die Wahrscheinlichkeit zu, daß es eine Singularität oder eine unvorhersehbare

Störung erzeugt. Ich stelle mir den Zustand, in dem sich das Universum davor befand, als extrem einfach vor, vielleicht ein völlig ungetrübtes Nichts. Das ist eine Situation, in der das Auftreten einer Singularität am wenigsten wahrscheinlich ist.

Wenn wir uns nun aber das andere Ende des historischen Kontinuums anschauen, die Welt, in der wir leben, sehen wir eine enorm verwobene, integrierte, vielschichtige, dynamische Komplexität. Mit jedem verstreichenden Augenblick wird sie komplexer. Es gibt einhundertsechs Elemente, gewaltige Energiegefälle, die von den Vorgängen im Innern von Pulsaren und Quasaren bis zu denen in Viren und Zellen reichen, eine gewaltige Organisationskapazität auf der atomaren Ebene, der Ebene molekularer Polymerisation, der Ebene der Membrane und Gele, der Ebene der Zellen und Organismen, der Gesellschaften und so fort.

Evolution, Geschichte, Komprimierung der Zeit, sie alle sind Anzeichen für die zunehmende Komplexität der Wirklichkeit. Ist es nicht sinnvoll zu vermuten, daß eine Singularität gegen *Ende* des Komplizierungsprozesses auftreten muß statt an seinem Anfang? Wenn wir unsere vorgefaßten Meinungen über die Bewegungsrichtung von Ursache und Wirkung umkehren, erhalten wir einen großen Attraktor, der alle Organisationsformen und Strukturen über mehrere Milliarden Jahre zu sich hinzieht. In dem Maße, in dem das von ihm Angezogene in seine Nähe kommt, durchdringen sich die beiden irgendwie und bilden so Interferenzmuster stehender Wellen, in denen neue Eigenschaften zutage treten, so daß das Ganze immer komplexer wird. Meines Erachtens ist das die «göttliche Imagination», wie William Blake sie nannte.

Rupert und ich haben gestern abend in unserem Zimmer über den «Urstand» Gottes schwadroniert, den Gedanken, daß die Zeit irgendwie die Bühne für Gottes Werden ist, während vom Standpunkt einer höherdimensionalen Mannigfaltigkeit aus die Existenz Gottes eine Art *Fait accompli* ist. Das ist ein Paradox, aber nicht unbedingt ein Widerspruch, weil wir uns in diesen ontologisch primären Bereichen vor jeder Abgeschlossenheit hüten und an dem Gedanken der *Coincidentia oppositorum*, dem Zusammenfallen der Gegensätze, festhalten müssen. Die Sache ist beides: was sie ist und was sie nicht ist, und dennoch entkommt sie irgendwie dem Widerspruch. So wird das offene System erhalten. So wird das Wunder des Lebens und des Geistes möglich.

Ich begreife die «göttliche Imagination» im Geiste eines umgekehrten Platonismus als den Oberbegriff aller sowohl möglichen als auch schönen Dinge. Der Attraktor befindet sich auf dem Grund eines sehr tiefen Brunnens, in den alle Phänomene sich ergießen und wo sie dann in einen komprimierten Zustand gebracht werden. Das geschieht im biologischen Bereich durch den Gang der Evolution des Lebens. Es geschieht gleichzeitig in der Welt, wie wir sie innerhalb unserer Kultur erleben, sprich in der Geschichte. Die Geschichte ist die Spur im Schnee, die die Kreativität auf ihren Streifzügen durch die göttliche Imagination zurückläßt. Wer Historiker ist, wird wissen, daß diese Spuren nach dem, was heute auf den Universitäten gelehrt wird, nirgendwo hinführen. Der Fachjargon spricht von «richtungslosen Schwankungen». Man erzählt uns, die Geschichte sei ein richtungslos schwankender Prozeß, der mal hierhin, mal dorthin gehe. Eine zufällige Schrittfolge, einen Zufallsweg nennt man das in der Informationstheorie. Wir wandern bloß so herum.

Dies alles ist sehr interessant, denn durch das Wunderwerk der neuen Mathematik sehen wir jetzt langsam, daß zufällige Schrittfolgen durchaus nicht zufällig sind, daß eine hinreichend lange zufällige Schrittfolge zu einer fraktalen Struktur von außerordentlicher Tiefe und Schönheit wird. Ein Ergebnis dieses Wochenendes sollte sein, daß wir das Chaos nicht als informationszersetzend und ordnungsfeindlich ansehen, sondern vielmehr als den Geburtsort der Ordnung.

RUPERT: Deine Beschreibung der Imagination, ausgehend vom kosmischen Attraktor, hört sich für mich wie eine Kombination von Platon, Thomas Taylor und Teilhard de Chardin an. Sie ähnelt dem Punkt Omega, der nach Teilhard der Attraktor des gesamten Evolutionsprozesses ist. Alles wird zu diesem Endpunkt hingezogen. Das gleicht der Aristotelischen Auffassung von Gott als dem ersten Beweger der kreisenden Himmelssphären. Ihm zufolge werden die Himmelskörper von Gott nicht angestoßen, sie werden von ihm gezogen. Gott übt eine solche Anziehung aus, daß die Himmelskörper immerfort im Kreis laufen, denn im ewigen Kreisen kommen sie dem göttlichen Zustand ewiger Wonne am nächsten.

Dieser Gedanke der Anziehung hat antike Wurzeln, und Teilhard hat ihm eine evolutionäre Form gegeben. Ich stimme ihm und dir darin zu, daß wir die Vorstellung eines Attraktors brauchen, um den Evolutionsprozeß des Kosmos zu verstehen. Das ist der Gegenstand der gegenwärtigen kosmologischen Diskussion über das anthropische Prinzip, die Vorstellung, nach der der Kosmos so beschaffen sein muß, daß auf mindestens einem Planeten Leben auf Kohlenstoffbasis entstehen konnte und daraufhin menschliche Intelligenz, damit schließlich Kosmologen zu seiner Erforschung auf den Plan treten konnten - die anderen Leute wurden quasi nur *en passant* mitgeliefert.

Wenn es im Evolutionsprozeß einen Attraktor gibt, was meines Erachtens der Fall sein muß, dann stellt sich die Frage, wie er darin, in diesem schöpferischen Werden, wirksam ist. Er könnte eine in der Zukunft angesiedelte Platonische Seele sein - das, Terence, scheint mir deine Meinung zu sein. Diese kosmische Seele enthält alle möglichen Formen und Archetypen, weitab in ferner Zukunft. Und irgendwie geht von dort ein Einfluß auf das aus, was jetzt gerade geschieht.

Wie ich den Prozeß verstehe, gibt es im Kosmos einen fortwährenden Gewöhnungsprozeß, eine Ansammlung von Gewohnheiten aus der Vergangenheit. Gewohnheiten haben eine bestimmte Dichte. Die Materie ist in gewisser Hinsicht deshalb so dicht, weil sie so tief habituell ist. In gewisser Hinsicht resultiert die Stofflichkeit der natürlichen Welt und ihr Widerstand gegen die Imagination daher, daß alles so tief in Gewohnheiten verwurzelt ist. Sich selbst überlassen, würden Gewohnheiten einfach fossilieren, und die ganze Welt würde völlig monoton habituell werden. Aber es laufen noch andere Prozesse ab, etwa die kosmische Expansion und das Fortbestehen des Chaos im Universum. Das bedeutet, daß Gewohnheiten ständig durch Zwischenfälle unterbrochen werden, etwa wenn Asteroiden auf der Erde einschlagen. In unserem eigenen Leben werden Gewohnheiten ständig durch entwicklungsbedingte Veränderungen und unerwartete Ereignisse unterbrochen, die Leerräume schaffen, in denen neue Bedingungen und neue Möglichkeiten entstehen können.

Wie ich dich verstehe, stehen die Nöte, die Probleme, die Spannungen, die fortwährenden Krisen der Gegenwart irgendwie in Wechselwirkung mit dem kosmischen Attraktor am Ende der Zeit – es ist, als ob zwischen ihnen Funken hin und her sprängen. Situationen oder Probleme ziehen jene Aspekte des göttlichen Geistes an, die zu den betreffenden Umständen passen, so daß sich um die wirklichen Geschehnisse eine Art von imaginativem Halbschatten bildet, genau wie unsere Imaginationen mit unseren Interessen zusammenhängen oder wie Träume unsere Vorlieben und Interessen und verborgenen Motivationen spiegeln. Die evolutionäre Imagination wirkt wie durch ein Funkenfeuer zwischen dem göttlichen Geist, dem kosmischen Attraktor, und aktuellen Situationen, die offen sind für den kreativen Einfluß.

So verstehe ich dich, und so weit würde ich mitgehen. Aber ich mißtraue der Idee, daß sämtliche möglichen Ereignisse bereits irgendwo existieren, denn auf diese Weise wird jede Kreativität geleugnet und auf die Manifestation einer zukünftigen Potentialität oder Möglichkeit reduziert, die zugleich ewig ist. Der letztendliche einheitliche Attraktor und der ursprüngliche einheitliche Zustand vor dem Urknall stehen in einem symmetrischen Verhältnis. Sie sind beide Teil des bekannten Geschichtsmodells, nach dem das Ende in gewisser Hinsicht den Anfang spiegelt oder das Ende in gewisser Hinsicht der Anfang einer höheren Spiralwindung ist.

Mich dagegen interessiert die Möglichkeit, daß die Imagination nicht schon vollständig vorhanden, in potentieller Form schon im voraus völlig ausgebildet ist, sondern daß vielmehr die Welt auf ihrem geschichtlichen Gang erst wahrhaft *wird*. In seinem Buch *Schöpferische Entwicklung* hebt

Henri Bergson nachdrücklich hervor, daß Entwicklung laufende Schöpfungstätigkeit impliziert, aber, sagt er, wir tun alles, was wir können, um uns vor diesem Gedanken zu drücken, weil es ungemein schwer ist, eine laufende Schöpfungstätigkeit zu begreifen. Ich stimme ihm zu. Wir haben entweder die Tendenz, die Frage mit dem Argument zurückzuweisen, das schöpferische Werden sei ganz und gar zufallsbedingt und daher nicht zu denken, oder wir setzen dafür einen Platonischen Seinsbezirk ein, wo alles schon als Archetyp vorhanden ist. Ich versuche, eine dritte Möglichkeit ins Auge zu fassen, bei der die Imagination, statt dem Licht der Zukunft oder einer Art von Platonischer Seele zu entsteigen, vielleicht eher so etwas wie dem Unbewußten entsteigt, aus der Dunkelheit ins Licht tritt. Der formbildende Prozeß der Imagination hat vielleicht weniger Ähnlichkeit mit dem Überspringen von Funken aus dem Geist Gottes, sondern mehr mit dem Emporquellen neuer Formen aus dem Mutterschoß des Chaos.

TERENCE: Mir scheint, das Problem kreist um die Frage der Zielrichtung. Genauer gesagt: Gibt es ein Ziel? Wenn ja, welches? Die Naturwissenschaft des 19. Jahrhunderts unternahm gewaltige Anstrengungen, um jeden Zielgedanken aus ihren Modellen zu verbannen und so ein für allemal einen sauberen Bruch mit der vergiftenden Kraft des Deismus zu vollziehen. In der Evolutionstheorie zum Beispiel kam der große Durchbruch im 19. Jahrhundert mit dem Gedanken des Zufallsprozesses. Da sie nicht wußten, daß Mutationen von der kosmischen Hintergrundstrahlung verursacht werden, ließen sie auf die Erzeugung unterschiedlicher Typen (*sporting*, wie sie es nannten) einen zweiten Zufallsprozeß einwirken, nämlich die Auslese nach der Tauglichkeit für die jeweilige Umwelt. Wenn man diese beiden Zufallsprozesse aufeinandertreffen läßt, kommt eine wunderschöne Ordnung von Tieren, Pflanzen und Ökosystemen heraus. Darwinisten konnten sagen: «Seht ihr, wir haben Gott oder Ziele oder göttliche Pläne nicht nötig. Wir zeigen, daß aus dem Chaos des Augenblicks Ordnung hervorgeht.»

Diese Tendenz war in den Gedankengängen des 19. und frühen 20. Jahrhunderts so stark, daß die Evolutionsbiologie das Wort «Evolution» völlig für sich vereinnahmen wollte. Es durfte in keinem anderen Kontext gebraucht werden. Ein Biologe sagte einmal zu mir: «Wenn keine Gene darin vorkommen, ist es auch keine Evolution.» Man konnte nicht von der Evolution des Romans, der Sonate, des Sozialismus sprechen, es sei denn, es kamen darin Gene vor. Dieses Schmalspurdenken wurde hauptsächlich durch die Arbeit von Erich Jantsch ausgeräumt, nachzulesen in seinen Büchern *Design for Evolution, Evolution and Consciousness* und *The Self-Organizing Universe* (deutsch: *Die Selbstorganisation des Universums*).

Ich glaube nicht, daß alles in einem deterministischen Sinne am Ende des Kosmos schon fertig ist. Ich glaube allerdings, daß es ein gewisses Durchscheinen des Zieles gibt, das zeitliche Entwicklungen lenkt und verhindert, daß sie bloße zufällige Schrittfolgen werden. Wenn du glaubst, daß die ganze Imagination *ad hoc* gebildet wird, bist du wieder bei den Geschichtstheoretikern der «richtungslosen Schwankungen». Wenn sie in gar keiner Weise in der Zukunft existiert, dann gibt es keinen Anpeilpunkt, an dem sich der Prozeß ausrichten kann.

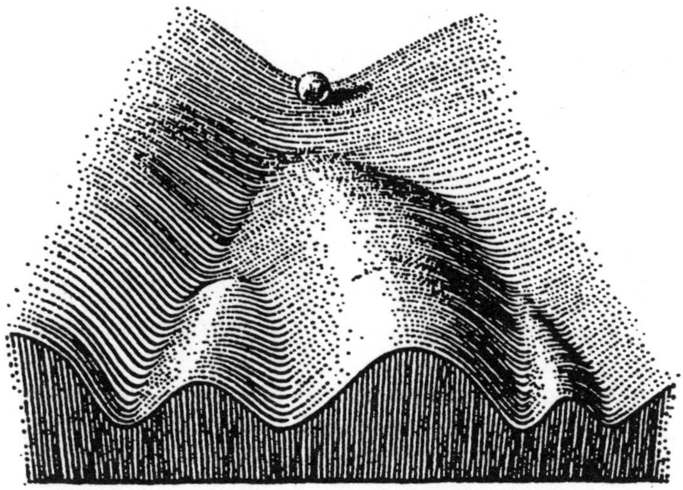

Abbildung 1. Teil einer «epigenetischen Landschaft». Die Abbildung veranschaulicht C. H. Waddingtons Konzept der Chreoden als «kanalisierter Veränderungsbahnen». Die Chreoden sind die «Täler» in der Landschaft, die zu bestimmten Endpunkten in einem Entwicklungsprozeß hinführen.

C. H. Waddingtons Idee der Chreode, dargelegt in seinem Buch *The Strategy of Genes*, gestattet es mir, sowohl deine Intuition gelten zu lassen, daß alles *ad hoc* geschaffen wird, wie auch meine sehr starke Ahnung, daß es unbedingt einen Vektorpunkt in der Zukunft geben muß. Dies geschieht durch die Beschreibung der Zeit als einer topologischen Mannigfaltigkeit, über die Ereignisse innerhalb der Einschränkungen dieser Mannigfaltigkeit fließen müssen. Die Oberfläche dieser Mannigfaltigkeit nenne ich *das Neue* und glaube, daß wir sehen können, wo das Neue in der Geschichte stark zum Ausbruch kam, wenn wir die Zeit unter diesem Gesichtspunkt betrachten. Wichtig an dieser Überlegung ist, daß wir das Neueste vom Neuen, das Neue n-ter Neuheitspotenz, in völliger Unkenntnis seines Inhalts an das Ende des historischen Prozesses setzen und in seinem Wirken als Attraktor beobachten können, ohne irgend etwas Näheres darüber zu wissen. Diese Anschauung kommt dem Neuplatonismus sehr nahe. Wir müssen an der Unerkennbarkeit Gottes festhalten, daher auch an der letztlichen Unerkennbarkeit der Imagination. Dennoch müssen wir sie als Attraktor einräumen.

RUPERT: Es hängt in meinen Augen zum Teil an der Frage, welche Rolle man dem Attraktor beimißt. Man könnte, Teilhard und Aristoteles folgend, sagen, es gibt etwas, das den gesamten Evolutionsprozeß zu Zuständen höherer Einheit hinzieht. Nicht bloß zu höheren Zuständen im allgemeinen, sondern zu möglichst vielen Zuständen, was erklären würde, wieso es so viele Lebensformen gibt. Die Frage lautet: Entstehen die neuen Formen in dem Attraktor, oder zieht der Attraktor einfach die bereits bestehende Formenvielfalt durch einen Prozeß an, der dazwischenliegt, nämlich durch die Imagination?

TERENCE: Meiner Meinung nach übt der Attraktor einen Einfluß aus und zieht die Dinge zu sich, aber nicht auf einer direkten Bahn. Es geht nicht schnurstracks geradeaus. Sie müssen dieser topologischen Mannigfaltigkeit der Zeit folgen, sie müssen in das Labyrinth hinein, in die Lücken des Werdens, um den Attraktor zu erreichen. Aus genau diesem Grund ist die Geschichte so verquer. Auch «zwei Schritte vor, ein Schritt zurück» ist eine Formel für einen bestimmten Fortschritt.

Die göttliche Imagination, in die die Geschichte uns befördert und die unsere Hilfsmittel und kulturellen Anpassungen uns klarmachen und bestimmen, ist etwas, auf das wir uns in der Art eines Autofahrers zubewegen, der nur in den Rückspiegel schaut. Was wir direkt vor der Nase haben, ist kaum zu erkennen. Der historische Druck nimmt in der ganzen globalen Kultur Tag für Tag zu, bis man fast das Gefühl hat, in freiem Fall in die tieferen Regionen des Attraktors zu stürzen.

RUPERT: Ich denke, wir sollten Ralph fragen.

TERENCE: Genau, Ralph soll sich mal dazu äußeren.

RALPH: Ich versuche mir darüber klarzuwerden, ob Imagination und Schöpfung identisch oder verschieden sind und ob ihr eine Meinungsverschiedenheit habt oder nur dieselbe Sache unterschiedlich beschreibt.

Was den Gedanken des Attraktors angeht, so hängt er mit dem Problem des Ursprungs neuer Formen zusammen. Rupert meint, neue Formen kommen aus dem Chaos oder aus dem Unbewußten. Eure Meinungsverschiedenheit, wie ich sie verstehe, betrifft den *Ort* dieses Ursprungs neuer Formen. Werden sie von einem Attraktor am Ende der Zeit projiziert, oder entspringen sie der Dynamik, die innerhalb der Evolution und der Gewohnheiten der Natur am Werke ist? Euer einziger Unterschied liegt, glaube ich, in der Perspektive. Oder vielleicht in eurem Zeitbegriff. Hinter uns liegt die Geschichte und vor uns das Mögliche. Was die Bestimmung des jeweils nächsten Moments anbelangt, ist euer Konflikt nur ein Unterschied in den Metaphern, nicht in der

Sache. Ihr scheint euch einig zu sein, daß der nächste Moment aus dem gegenwärtigen Moment durch einen Prozeß entsteht, an dem Kreativität, Imagination, Chaos und eine irgendwo befindliche Welt voller Möglichkeiten beteiligt sind. Vielleicht solltet ihr beide eure Positionen noch etwas klarer machen.

TERENCE: Mir kommt dabei der Gedanke, daß Kreativität eine niedrigerdimensionale Schicht der göttlichen Imagination sein könnte, ein Prozeß, der sich diesem Ding anzunähern sucht, das eine «Alles-auf-Einmal»-Vollständigkeit besitzt. Paßt das zu deiner Vorstellung von Kreativität als einer Bewegung zur Erreichung einer bestimmten idealen Sphäre?

RUPERT: Kreativität scheint mir einen Prozeß wie das Aufsteigen oder Aufkochen neuer Formen in unglaublicher Vielfalt zu bedeuten. Neue Formen sind durch Erinnerungen an Vorausgegangenes bedingt und durch bestehende Gewohnheiten, aber sie sind neue Synthesen, neue Muster. Es könnte einen vereinigenden Prozeß geben, der dahin wirkt, daß alles, was über die Oberfläche des Unbewußten oder der Dunkelheit oder des Chaos hinaustreten will, eine gewisse Ganzheit annehmen muß, um das zu schaffen. Es muß eine einheitliche Form annehmen. Doch es könnte *jede* einheitliche Form sein.

Ein Modell für diesen schöpferischen Prozeß ist das Träumen. In Träumen kommen Geschichten, Symbole und Bilder vor, die wir nicht bewußt hervorbringen, ja, meistens vergessen wir diese ganze wunderbare Entfaltung psychischer Kreativität einfach wieder, mit der wir allnächtlich bedacht werden. Wenn wir uns an unsere Träume erinnern, sind sie bizarr und unerwartet. Es scheint fast unmöglich zu sein, einen erwarteten Traum zu haben. Dieser merkwürdige Umstand wirft die Frage auf, woher die Träume kommen. Die Jungianer würden sagen, daß sie von Strukturen und Prozessen im Dunkel des kollektiven Unbewußten kommen. Nach ihrem Verständnis sinken sie nicht aus einer höheren Welt herab, sondern sie steigen auf.

Die menschliche Imagination entfaltet sich offensichtlich durch Träume. Sie entfaltet sich durch Sprache, durch Gespräche, durch Phantasien, durch Romane, durch Visionen und Eingebungen, und in einer besonders extremen Form macht sie sich auch durch Psychedelika offenbar. In welcher Hinsicht hängt nun diese Imagination, die wir aus unserer eigenen Erfahrung kennen, mit dem imaginativen, kreativen Prinzip der Natur zusammen? Gibt es so etwas wie eine Traumtätigkeit Gaias? Ist beispielsweise die Erde, Gaia, auf der von der Sonne beschienenen Seite wach? Und die Seite, die bei ihrer Umdrehung im Dunkel liegt - träumt sie? Sind Pflanzen, Tiere und ganze Ökosysteme nachts irgendwie in einem Traumzustand, in dem ihnen Träume und spontane Bilder davon, was möglich sein könnte, kommen? Welche Form würde ein Traum Gaias annehmen? Oder welche Form würde eine psychedelische Erfahrung Gaias annehmen?

TERENCE: Ich denke, ein Traum Gaias wäre die menschliche Geschichte. Vielleicht schläft der Planet seit fünfzigtausend Jahren und träumt unter schweren Verdauungsstörungen, so daß er sich unruhig herumwälzt. Und wenn er nur aus diesem Traum erwachen könnte, würde er den Kopf schütteln und sagen: «Mein Gott, ich weiß nicht, was das war, aber ich hoffe, es kommt nicht wieder!» Die menschliche Geschichte hat so was. James Joyce läßt in seinem Buch *Ulysses* Stephen Dedalus sagen: «Die Geschichte ist der Alptraum, aus dem ich zu erwachen suche.» Das Strukturprinzip der Joyceschen Romane ist die Vermischung historischer Daten mit Zeitungsmeldungen und dergleichen, um dadurch in uns den Eindruck eines Traums zu erzeugen.

Als du von Psychedelika sprachst, sagtest du, sie seien ein extremes und eindringliches Beispiel für dieses Aufsteigen der Kreativität. Ich glaube, dieses Beispiel ist so extrem und eindringlich, daß daraus eines deutlich hervorgeht: Die Imagination ist keineswegs die menschliche Phantasie. Wir mögen zwar in der Lage sein, Träume zu analysieren und darin das Ausagieren von Wunscherfüllungen oder verdrängten Geschlechtstrieben oder sonstwas zu sehen, je nach unserer Traumtheorie, aber die psychedelische Erfahrung auf ihren intensiven Ebenen übersteigt die Kategorien menschlicher Motivation. Sie scheint eher in eine eigene ontologische Wirklichkeit vorzudringen, und dem Menschen ist es einfach nur vergönnt, sie kurz zu betrachten. Eine tiefe psychedelische Erfahrung sagt nicht mehr über deine Persönlichkeit aus als der Kontinent Afrika. Beide sind in der Tat unabhängige Größen.

Für mein Empfinden ist die göttliche Imagination der Ursprung aller Kreativität in unseren Träumen, in unseren psychedelischen Erfahrungen, in den Urwäldern, in den Meeresströmungen, in der Organisation protozoischen und mikrobischen Lebens. Überall, wo es Integration im großen Maßstab statt bloß physikalischer Gesetze gibt, läßt sich das kreative Prinzip beobachten.

RUPERT: Meinst du also, daß man in psychedelischen Erfahrungen tatsächlich die tagseitige kosmische Imagination anzapft?

TERENCE: Absolut. Psychedelische Erfahrungen und Träume sind chemisch verwandt, nur in der Stärke verschieden. Auf diese Weise kann ich die menschliche Geschichte als einen Traum Gaias begreifen, denn ich denke, daß man jede Nacht, wenn man in seine Träume sinkt, potentiell offen ist für die korrigierenden Feineinstellungen, die Gaia am Zustand des eigenen Lebens vornimmt. Die ganze Sache ist ein enzymgesteuerter Prozeß. Wir sind wie ein Organ Gaias - ein Organ, das Energie bindet und freisetzt. Eine Leberzelle braucht nicht zu verstehen, weshalb sie Enzyme der Leber bindet und freisetzt. Unser Energiebinden und -freisetzen erfolgt aus Gründen, die uns vielleicht niemals klar sein müssen, die uns aber fest in den Kontext des Gaiageistes stellen.

Wir sind auserwählt worden, aber darauf brauchen wir uns nicht groß etwas einzubilden. Auch die Indolylessigsäure ist auserwählt worden, bestimmte Rollen im Pflanzenstoffwechsel zu spielen. Wir haben eine Rolle, aber unsere Rolle scheint eine größere zu sein. Wir sind wie ein Auslösesystem. Vermittelt durch auf die Erdoberfläche einfallende Strahlung und dann durch natürliche Auslese, treten wir plötzlich aus dem allgemeinen Hintergrund des Evolutionsprozesses mit der epigenetischen Fähigkeit hervor, Bücher zu schreiben, Geschichten zu erzählen, zu singen, zu bildhauern, zu malen. Das sind keine genetischen Prozesse. Schreiben, Sprechen und Kunstschaffen sind epigenetische Prozesse, und sie binden Information und bringen den Geist Gaias sehr gut zum Ausdruck.

Ich begreife jeden von uns als eine Zelle, die mit der göttlichen Imagination in Kommunikation steht. Diese sendet Bilder zurück in die Vergangenheit, um uns von Regionen der Instabilität wegzulotsen. Der Geist Gaias ist ein echter Geist, seine Botschaften sind echte Botschaften, und unsere Aufgabe ist es, durch Übungen, Träume, Psychedelika, Beachtung von Kleinigkeiten, worin gerade unsere Stärke liegt, zu versuchen, diese Botschaft herauszuhören und unser Dazwischenreden sein zu lassen, damit wir das Gesicht des anderen sehen und sein Anliegen an uns beantworten können. Das ist für mich kein philosophisches Problem. Es ist ein Problem, das mit Politik zusammenhängt und mit kollektivem ebenso wie individuellem Handeln.

RUPERT: Dazu noch eine Überlegung. Die Vorstellung, daß wir uns durch unsere eigenen Imaginationen auf den Geist Gaias einschwingen, erscheint mir reizvoll und paßt, denke ich, recht gut zu Träumen, psychedelischen Erfahrungen, Phantasien und dergleichen. Die nächste Frage, die sich mir stellt, lautet: Wie hängt die Imagination Gaias mit der Imagination des Sonnensystems zusammen und wie die des Sonnensystems mit der Imagination der Milchstraße und dann mit der Imagination des Kosmos, und wie hängt die wiederum mit dem zusammen, was wir die Imagination des kosmischen Attraktors, des Punktes Omega oder des Kosmischen Christus nennen würden?

TERENCE: Ich bin mir nicht sicher, ob ich das mit dem Kosmischen Christus unterschreiben würde. Ich denke, es sollte immer etwas Physisches geben, an dem man diese Dinge aufhängen kann. Der Geist Gaias ist kein Problem, die Erde strotzt vor Leben. Ein Jupitergeist ist kein Problem, weil mit den komplexen chemischen Bedingungen, dem metallischen Verhalten von Gas und Eis unter Druck genug Trümpfe vorhanden sind, um eine Situation zu schaffen, in der durchaus so etwas wie Geist auftreten könnte. In ähnlicher Weise könnten die Ozeane des Jupitermondes Europa eine lebens- und geistfreundliche Umwelt bieten. Es gibt eine Reihe von Orten im Sonnensystem mit chemischen Bedingungen, die so komplex sind, daß ich mir anhaltende selbstbezügliche geistige Prozesse vorstellen kann, die sich womöglich über Jahrmilliarden hinziehen.

Um von dieser Ebene der Geistestätigkeit zu der Hypothese einer durchgehenden Hierarchie von Geistern bis hoch zur Stufe des galaktischen Geistes zu kommen, muß man schwierige Fragen stellen. Etwa: Wie lange braucht der galaktische Geist, um einen Gedanken zu fassen? Macht er das augenblicklich über morphogenetische Felder? Wenn ja, was sind dann die Umwandlungs- und Signalerkennungsfilter, durch die der Gedanke sich ausbreitet? Wenn durch Licht, dann dürfte etwa die Aussage, seine Gedanken seien «weiter gespannt als Weltreiche und langsamer», wie Andrew Marvell sagt, wohl bedeuten, daß es sich um Phänomene von sehr hoher Geschwindigkeit handelt. Weltreiche würden zu Hunderten kommen und gehen, bevor ein galaktischer Gedanke wirklich zu Ende gedacht wäre.

RUPERT: Wir wissen nicht genug, um die Beantwortung dieser Fragen auch nur ins Auge zu fassen. Ich glaube, ein Faktor, der alles verändert, ist die Entdeckung der dunklen Materie, der Tatsache, daß 90 bis 99 Prozent der Materie im Universum uns vollkommen unbekannt sind. Diese neuere

Entdeckung macht uns eindrucksvoll klar, daß der Kosmos so etwas wie ein Unbewußtes hat, einen dunklen Bereich, der die Bildung und die Gestaltung der Galaxien bestimmt, ihre Interaktionen und alles, was in ihnen vorgeht. Deine Suche nach der Grundlage der Imagination in den bekannten Phänomenen der Physik ist gewiß wichtig, aber die Physik selbst hat erwiesen, daß es noch viel mehr gibt, und diese dunkle Materie könnte die Grundlage für jede Menge uns unbekannter Prozesse sein.

TERENCE: Ich gehe davon aus, daß Psychedelika irgendwie einen Kanalwechsel bewirken: ein Umschalten von dem evolutionär wichtigen Kanal, der einem Verkehrs-, Wetter- und Börsenberichte gibt, auf den, der die klassische Musik einer außerirdischen Zivilisation bringt. Mit anderen Worten, wir stellen in der Regel den Kanal ein, bei dem für uns in der unmittelbar gegebenen Welt möglichst viel rausspringt. Es kommt mir offensichtlich vor, daß es Kanäle der Imagination gibt, die nicht derart auf den unmittelbaren Konsum zugeschnitten sind. Ich denke, du hast recht damit, daß Erinnerungen und folglich alle Erkenntnisgegenstände nicht im Biospeicher des Gehirns enthalten sind. Vermittelt über sehr subtile quantenmechanische Umwandlungen, die auf molekularer Ebene ablaufen, werden sie aus so etwas wie einem Überraum herausgezogen. Die göttliche Imagination ist die Wirklichkeit hinter den Erscheinungen. Die Erscheinung ist bloß das jeweils herausgenommene Stück.

RALPH: Ich möchte ein persönliches Schaubild dieses Dialoges über Kreativität und Imagination vorlegen, damit wir darauf das Chaos lokalisieren können. Nehmen wir mal an, es hat einen Anfang gegeben und es wird ein Ende geben. In

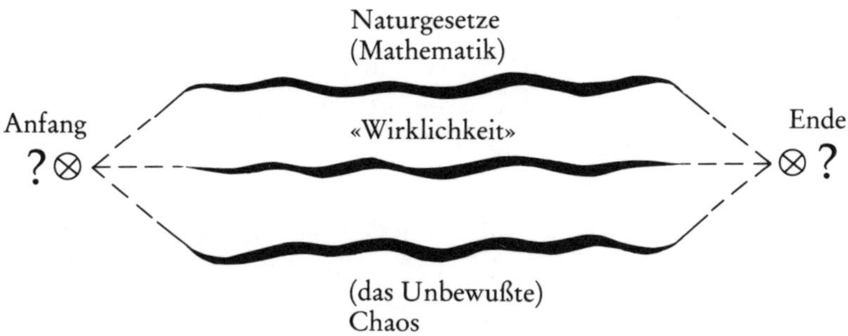

Abbildung 2. Drei Ebenen der Geschichte. Indem die Zeit nach rechts fortschreitet, entspringen die drei Ebenen einem Punkt, dem «Anfang», und stürzen schließlich wieder in einen Punkt zusammen, das «Ende».

der Zwischenzeit läuft die Geschichte ab, die Zeitwelle. Es gibt einen gegenwärtigen Augenblick, folglich auch eine Vergangenheit und eine Zukunft, und das Fenster der Gegenwart bewegt sich auf der Zeitwelle. Unterwegs wird die Zukunft erschaffen: indem Formen von zunehmender Komplexität (Rupert zufolge) und zunehmender Integriertheit (Terence zufolge) auftreten.

Nun gibt es noch eine andere Ebene darunter, die ich Chaos nennen werde oder das Unbewußte Gaias. Es enthält keine Form, sondern den Ursprung der Form, die Energie der Form, die Urform der Form, den Stoff, aus dem die Form besteht. Ein leises Klingeln ertönt wie von einem Glöckchen, dann sprießt eine Form auf und wird ein Teil der Zeitwelle.

Das ist das Unbewußte Gaias, ganz unten auf dem Bild. Dann ist da noch eine Frage, die kurz aufkam, bevor sie ein für allemal abgeschmettert wurde, nämlich nach der Rolle der Mathematik und der Naturgesetze. Diese gehören auf eine andere Wirklichkeitsebene, die über die gewöhnliche Wirklichkeit gezeichnet wurde. Ich denke, es gibt wenigstens drei verschiedene Ebenen: die gewöhnliche Wirklichkeit, eine Unterströmung des Chaos und eine Welt der Gesetze und der Ordnung darüber. Das ist nicht alles, noch nicht das vollständige Bild, das jedem von uns bei der Erforschung des größeren Raumes vorschwebte. Aber es sind einige der Komponenten von etwas Größerem, das die Weltseele ist, das Welt-All.

Es ergeben sich ein paar knifflige Fragen: Haben diese anderen Ebenen wirklich einen Anfang und ein Ende, wie ihr das für die gewöhnliche Wirklichkeit angenommen habt? Gibt es vor dem Urknall, in dem Materie und Energie geschaffen werden, Naturgesetze? Diesen Fragen werden wir uns im nächsten Dialog zuwenden.

Es gibt eine kosmische Imagination, die Imagination der *Anima mundi*, der Seele des Universums oder Weltseele. In ihr enthalten sind die Imaginationen von Galaxien, Sonnensystemen, Planeten, Ökosystemen, Gesellschaften, einzelnen Organismen, Organen, Geweben und so weiter. *Rupert Sheldrake*

Je komplexer die Struktur, um so schwieriger ist sie denkend zu erfassen. Worte sind häufig unzulänglich. Die Sprache hat sich durch die Notwendigkeit entwickelt, unsere Erfahrungen auf einer mehr oder weniger herkömmlichen Komplexitätsstufe mitzuteilen, die unzureichend ist, wenn wir die ganze Welt verstehen wollen oder die Weltseele oder die Biosphäre des Planeten Erde. Die Mathematik besitzt nur geringfügig mehr Zauberkraft als die Sprache.
Ralph Abraham

Die Herausforderung für die Modellbildung der Zukunft ist die menschliche Geschichte. Man wird kein Spielchen mehr machen können, um einer Gruppe von Studenten oder Kollegen etwas zu demonstrieren, sondern man wird tatsächlich Modelle und Methoden entwerfen, die wirklichkeitshaltig genug sind, um allmählich die Welt wiederzugeben, wie sie ist. *Terence McKenna*

2. *Chaos und Kreativität*

Ralph: Meine Aufgabe hier als Fürsprecher des Chaos ist es, der These Nahrung zu geben, daß Form aus Chaos entsteht. Die Chaostheorie umfaßt drei Ebenen, aber alle beziehen sich auf die Gegenwart, nicht auf die gesamte Geschichte wie Abbildung 2.

Die mathematische Ebene ist in Abbildung 3 oben. Sie ist ein Raum für Modelle, für Denkbewegungen, die Metaphern, Bilder für anderes schaffen. Die gewöhnliche Wirklichkeit ist unten; sie schließt die Welt der Materie und der Energie wie auch die Welt der Geister ein. Sie würde etwa unsere Körper und Geister, die Körper und Geister von Mikroben und Gaias Körper und Geist umfassen. Diese beiden Ebenen haben die Geschichte der Naturwissenschaften seit Newton, oder vielleicht sogar seit Pythagoras, getragen und dürften den oberen zwei Ebenen des Schaubilds im vorigen Dialog entsprechen (Abbildung 2).

In neuerer Zeit hat sich noch eine neue Ebene zwischen diese beiden geschaltet. Das ist ein sehr interessanter Halbtonschritt, die Folge der Computerrevolution und der Ent-

Abbildung 3. Drei Ebenen der Wirklichkeit. Dies sind drei Ebenen der Wirklichkeit zu einem bestimmten Zeitpunkt in der Geschichte. Zwischen die Ebene der mathematischen Modelle, nach Platons Sichtweise die Ebene der Ideen, und die der gewöhnlichen (konsensuellen) Wirklichkeit des täglichen Lebens, der Materie und der Energie, hat sich seit der Computer-Revolution eine weitere Ebene dazwischengeschoben.

wicklung der Computermathematik um 1960. Diese zwischengeschaltete Ebene macht unsere Diskussion ein bißchen verwirrender, weil das Wort «Modell» jetzt entweder ein mathematisches Modell bedeutet, zum Beispiel eine gewöhnliche Differentialgleichung, oder ein Computerprogramm, das das mathematische Modell simuliert. Das Computermodell ist realer als das mathematische Modell, aber weniger real als die gewöhnliche Wirklichkeit.

Im Kontext dieser Darstellung gibt es Modelle für chaotisches Verhalten, die man *chaotische Attraktoren* nennt, und Modelle für radikale Verhaltensänderungen, genannt *Bifurkationen*. Chaotische Attraktoren und ihre Bifurkationen, die sich auf der mathematischen Ebene bewegen, gestatten uns, Erfahrungen und Eindrücke in bezug auf die Angemessenheit einer Frage in der historischen Sphäre (Abbildung 2) zu gewinnen, die irgendwie realer ist als die metaphorische Sphäre (Abbildung 3). Darüber, ob im Gaiageist durch ein Klingeln oder sonstwas Formen aus dem Chaos gezogen werden können oder nicht, läßt sich nur spekulieren. Es gibt jedoch Experimente mit mathematischen Modellen für das Chaos, die für diese Frage relevant sein könnten.

Ein guter Laborfall zur Erforschung der chaotischen Dynamik ist beispielsweise der tropfende Wasserhahn. Der tropfende Wasserhahn wurde als ideales Demonstrationsobjekt für die Chaostheorie entdeckt, weil Vorlesungen meistens in einem Physikhörsaal gehalten werden, und in denen gibt es vorn anscheinend immer Waschbecken und Wasserhähne. Wenn man den Hahn ein klein wenig aufdreht, tropft das Wasser sehr regelmäßig heraus. Dreht man etwas weiter, fallen die Tropfen schneller, aber immer noch regelmäßig. Dreht man noch etwas weiter, hören sie sich unregelmäßig an wie Regen, der von einem Dach heruntertropft. Wenn man die Zeit zwischen den Tropfen mißt und eine Liste dieser Werte anlegt, hat man das paradigmatische Beispiel für eine chaotische Zeitreihe.

Dann beschloß jemand, diesen tropfenden Wasserhahn ernsthaft zu untersuchen, nachdem er ihn in Physikvorlesungen beobachtet hatte. Dieser Mensch heißt Rob Shaw und ist heute einer der führenden Leute in der Chaostheorie. Er machte einen sehr interessanten Versuch: Er stellte ein Mikrophon in das Waschbecken, dorthin, wo der Tropfen auftraf, so daß er jedesmal einen elektronischen Piepton erhielt. Dann speiste er die Zeitintervalle in seinen Computer ein und analysierte die Ergebnisse. Dies alles gehört zur Ebene 1, der untersten Schicht, der physischen Welt. Dann entwarf er ein Modell für den tropfenden Wasserhahn auf Ebene 3. Er machte ein mathematisches Modell, das den Wassertropfen immer größer und größer werden läßt, und wenn seine Masse einen kritischen Wert erreicht, fällt der Tropfen. Ausgehend von diesem Modell auf Ebene 3, schrieb er dann ein Computerprogramm, um es zu simulieren, ein Modell auf Ebene 2. Er ließ den Simulator laufen und erzeugte Daten, die fast genau mit den Versuchsdaten bei dem wirklichen Wasserhahn auf Ebene 1 übereinstimmten. Wenn er den Modellhahn weiter aufdrehte, waren die simulierten Daten irgendwann nicht mehr periodisch, sondern chaotisch - durch eine Bifurkation.

Das ist ein Beispiel für ein Modell mit drei Ebenen. Bei einer solchen Darstellung geht es darum, Verständnis zu gewinnen, indem man einen hermeneutischen Zirkel beschreibt: Du schaust dir die Daten an, versuchst ein Modell zu bauen, und es geht nicht. Dann betrachtest du sie auf eine andere Weise, mit der du ein besseres Modell bauen kannst, und je weiter sich der Zirkel dreht, um so größer wird dein Verständnis. Das ist es, was Rob Shaw mit dem tropfenden Wasserhahn machte. Die andere Art, Daten zu betrachten, auf die das Modell ihn brachte, ist eine Methode, die heute *Chaoskopie* genannt wird. Du nimmst die Zahlenfolge, die Zeit zwischen den Tropfen, und visualisierst eine vertikale Zahlenspalte. Dann kopierst du das Ganze auf die rechte Seite. Du kickst oben von dieser zweiten Spalte eine Zahl weg und rückst die ganze Spalte eine Stelle nach oben. Jetzt hast du eine Spalte mit Zahlenpaaren. Dann setzt du diese Paare graphisch als Punktreihe in eine ebene Figur um.

Es gibt einen Film, der zeigt, wie eine Maschine das tatsächlich macht. Von völlig chaotischen Daten erhält man durch diese besondere Betrachtungsart der Chaoskopie eine Punktmenge auf einer Ebene. Wenn die Daten wirklich zufällig wären, wären die Punkte über die ganze Fläche verstreut. Statt dessen liegen sie auf einer glatten Kurve! Das ist ein chaotischer Attraktor.

Eine verborgene Ordnung im Chaos wird durch eine neue Art hinzuschauen aufgedeckt. Angesichts der Glattheit der Kurve, die er aus dieser Behandlung der Daten gewonnen hat, drängt sich dem Chaostheoretiker ein Modell auf, das man tatsächlich nehmen und auf andere Daten anwenden kann. Es gibt Modelle auf Ebene 3, die zum Verständnis gewisser Verhaltensweisen auf Ebene 1 taugen. Auf Ebene 2 kann man mit einem Zwischenschritt entweder aus den realen Daten der Ebene 1 das mathematische Modell auf Ebene 3 erzeugen oder aus dem mathematischen Modell simulierte Daten auf Ebene 2, die man dann mit den realen Daten vergleichen kann.

Ich hoffe, ich habe eine Verbindung herstellen können zwischen der Chaostheorie und dem Gespräch, mit dem wir hier versuchen, unser Verständnis unserer Vergangenheit, unserer Zukunft und unserer Möglichkeit, überhaupt eine Zukunft zu haben, zu vermehren.

RUPERT: Mein Problem mit der Chaostheorie ist, daß ich mir nie ganz sicher bin, was sie eigentlich sagt. Sie scheint mir zwei Sachen zu enthalten, die interessant sind. Das sind zum einen die tatsächlichen detaillierten Modelle, die die Chaostheoretiker entwerfen. Sie finden ziemlich einfache Gleichungen, die komplizierte und anscheinend chaotische Strukturen erzeugen. Der andere Aspekt ist allgemeiner. Die Leute, die mathematische Modelle des Chaos bauen, haben den Naturwissenschaftlern die Freiheit gegeben zu erkennen, daß der gesamten physischen Welt in der Tat eine wesensmäßige Unbestimmtheit eigen ist.

Im 19. Jahrhundert war man allgemein der Ansicht, es gäbe überhaupt keine Unbestimmtheit. Alles würde von ewigen Naturgesetzen lückenlos determiniert. Laplace meinte, die gesamte Zukunft und Vergangenheit des Universums ließe sich aus seinem gegenwärtigen Zustand errechnen, wenn nur ein denkendes Wesen die Fähigkeit besäße, die Berechnungen auszuführen und die Beobachtungen vorzunehmen. Diese Illusion der totalen Vorhersagbarkeit hielt die Naturwissenschaft über Generationen in ihrem Bann. Die Wissenschaftler waren geblendet von dieser eingebildeten Macht. Natürlich konnten sie nicht alles berechnen, und sie können es immer noch nicht. Weit davon entfernt, die gesamte Zukunft von allem und jedem vorherzusagen, können sie noch immer nicht einmal das Wetter der nächsten paar Tage genau vorhersagen. Das Ideal der völligen Vorhersagbarkeit ist im Prinzip nicht mehr und nicht weniger als ein Glaubensakt.

Mit der Quantenmechanik kam 1927 die Anerkennung eines echten Indeterminismus in der Natur. Seither greift die Erkenntnis langsam um sich, daß es nicht nur auf der Quantenebene eine Unbestimmtheit gibt, sondern auf allen Ebenen natürlicher Organisation. Es gibt eine innere Spontaneität, einen inneren Indeterminismus und Probabilismus im Wetter, im Brechen von Wellen, in strudelndem Wasser, in Nervensystemen, in lebenden Organismen, in biochemischen Zyklen, in einem ganzen Spektrum von Phänomenen. Sogar das altbewährte Lieblingsmodell für eine total rationale, mathematische Ordnung, die Planetenbahnen des Sonnensystems, erweist sich als chaotisch und mit den Mitteln der Newtonschen Physik nicht vorhersagbar. Dieser Indeterminismus wird jetzt auf allen Ebenen der Natur erkannt.

Mir scheint, daß diese Offenheit der Natur, dieser Indeterminismus, diese Spontaneität, diese Freiheit, etwas ist, was dem Prinzip des Chaos in seinem intuitiven und mythologischen Sinne entspricht. Mathematiker haben das Wort Chaos in den verschiedensten technischen Bedeutungen gebraucht, und es ist mir nicht völlig klar, wie diese technischen Modelle chaotischer Systeme mit den intuitiven Vorstellungen vom Chaos übereinstimmen.

Was ich mir gerne anschauen würde, ist die Art, in der Formen - etwa durch einen bekannten physikalischen Prozeß wie die Abkühlung - aus dem Chaos auftauchen. Wenn man mit einer sehr hohen Temperatur anfängt, gibt es noch keine Atome. Die Elektronen fliehen von den Kernen fort, und man erhält ein Plasma, eine Art Ursuppe von Atomkernen und Elektronen mit charakteristischen Eigenschaften. Wenn man das Plasma auf eine bestimmte Temperatur abkühlt, beginnen sich Atome zu bilden. Die Elektronen kreisen jetzt um die Kerne. Man bekommt ein atomares Gas. Die Temperatur ist immer noch zu hoch, als daß Moleküle sich bilden könnten. Man kühlt es weiter ab: Und jetzt hat man Moleküle. Man kühlt das System immer weiter ab und erreicht ein Stadium, wo komplexere Moleküle entstehen. Sie sind immer noch gasförmig. Bei weiterer Abkühlung verwandeln sie sich in eine Flüssigkeit, die Tropfen bilden und fließen und recht komplexe Molekülanordnungen haben kann. Kühlt man noch weiter, erhält man einen Kristall, also eine hochorganisierte Struktur von Atomen und Molekülen. Mit sinkender Temperatur nimmt die Komplexität der Form ständig zu.

In der traditionellen kinetischen Theorie bedeutet das Senken der Temperatur weniger kinetische Zufallsbewegungen der Teilchen; es gibt im Zuge des Abkühlungsprozesses weniger Chaos und größere Formenkomplexität. Wir alle kennen das Umschlagen von abkühlendem Dampf in Wasser und von abkühlendem Wasser in Eiskristalle, etwa in Schneeflocken und Reif. Dieser formbildende Prozeß geht einher mit der Reduktion des thermischen Chaos. Das Gegenteil geschieht, wenn man etwas erhitzt. Es scheint hier eine Umkehrbeziehung zwischen Chaos und Form zu bestehen.

In gewissem Sinne ist genau das im gesamten Universum passiert. Wie es heißt, war das Universum am Anfang unerhört heiß, Milliarden und Abermilliarden Grad, so heiß, daß keine stabilen Formen aufkommen konnten. Im Zuge der Ausdehnung kühlte es ab. Als es kalt genug war, traten Atome auf, dann verdichteten sich Sterne und Galaxien, dann Sonnensysteme und Planeten. Planeten sind erkaltete Reste explodierender Sterne. Die Elemente in uns und in unserem Planeten sind Sternenstaub, gebildet aus Supernovae. Zum evolutionären Erscheinen von Formen kommt es durch Abkühlung; immer mehr Formen entsteigen dem Chaos.

Wie entstehen nun diese neuen Formen? Das ist das große Problem der evolutionären Kreativität. Wie entstanden die ersten Zinkatome, die ersten Methanmoleküle, die ersten Salzkristalle, die ersten lebenden Zellen, die ersten Wirbeltiere? Wie entstand das erste Exemplar von jeglichem Ding in diesem evolvierenden Universum?

Eine Betrachtungsweise ist die, daß wir den Ausdehnungs- und Abkühlungsprozeß, ja das Strömen der Ereignisse im allgemeinen, als Energiefluß begreifen. Das Konzept der Energie, wie es im 19. Jahrhundert gefaßt wurde, ist einer der großen vereinigenden Begriffe der Physik. Es ist nicht völlig klar, was Energie ist. In gewissem Sinne ist sie das Prinzip der Veränderung. Je mehr es davon gibt, um so mehr Veränderung kann bewirkt werden. In diesem Sinne ist sie ein verursachendes Prinzip, das sich in einem Prozeß befindet. Dieser Prozeß, der energetische Fluß des Universums, liegt der Zeit zugrunde, dem Wandel und Werden, und scheint einen wesensmäßigen Indeterminismus zu besitzen. Der energetische Fluß wird durch Felder in Formen organisiert. Materie stellt man sich heute als in Feldern gebundene Energie vor, die Quantenmateriefelder und die Felder der Moleküle und so weiter.

Ich glaube, es gibt viele von diesen organisierenden Feldern, die ich die morphischen Felder nenne, auf allen Komplexitätsstufen. Diese Felder organisieren irgendwie den fortlaufenden Energiefluß, der immer chaotische Eigenschaften besitzt. Selbstorganisierte Systeme einer hohen Komplexitätsstufe wie menschliche Gehirne haben diese probabilistische Eigenschaft. Die Felder, die diese Energie organisieren und so materielle und physische Formen hervorbringen, sind selbst probabilistisch. Das Chaos wird niemals ganz beseitigt, Es gibt immer, auf allen Stufen der Organisation, Indeterminismus, Spontaneität.

Es gibt also zwei Prinzipien: ein formatives Prinzip, die Felder, und ein energetisches Prinzip. Energie ist das Prinzip der Veränderung, und reine Veränderung wäre Chaos. Eine Möglichkeit, sich diese beiden Prinzipien zu denken, ist die indische tantrische Vorstellung von Shakti als Energie und Shiva als dem formbildenden Prinzip, die in ihrem Zusammenwirken die Welt, wie wir sie kennen, erschaffen. Wenn das formbildende Prinzip durch die Felder der Natur wirkt, dann stellen sich die Fragen: Wie wirken diese Felder? Und wie werden die Felder bestimmt? Wie kommt es, daß sie die ihnen eigenen Formen, Gestalten und Eigenschaften haben?

Ich bezeichne bekanntlich die organisierenden Felder von Organismen als morphische Felder und glaube, daß diesen Feldern ein Gedächtnis eigen ist. Sie sind im wesentlichen habituell, und die Natur ist die Bühne, auf der diese habituellen Felder den unbestimmten Fluß der Energie organisieren. Indem die Felder diese Energie enthalten, haben sie selbst an dieser Unbestimmtheit teil.

Das bringt uns zur Frage der Kreativität. Wie entstehen überhaupt neue Felder und neue Formen? Woher kommen sie? Heute morgen haben Terence und ich darüber diskutiert, wie sie aus der Interaktion von Chaos und irgendeinem formbildenden, vereinigenden Aspekt des kosmischen Geistes hervorgehen könnten, den du, Ralph, dann den Bereich der Mathematik genannt und so für die Pythagoreersekte einkassiert hast. Es gibt zwischen diesen beiden Ebenen eine Interaktion, die du mit der Schlängellinie in der Mitte deines Diagramms, sinnbildlich für die Welt des Werdens, angedeutet hast.

Und das bringt uns zurück zu der Frage nach dem Wesen dessen, was du den mathematischen Bereich nennst und was ich den formbildenden Bereich nenne. Gibt es eine Art mathematischen Bereich für das Universum, irgendwo gänzlich außerhalb von Raum und Zeit, der alle Formen schöpferischen Werdens bedingt, alle Muster und möglichen Organisationssysteme, die auf der Erde entstehen? Oder kommen sie alle erst im Verlauf des Evolutionsprozesses zustande? Dies sind die Fragen, die Terence und ich in unserem Dialog über Kreativität und Imagination angesprochen haben.

Ich glaube, wenn wir uns auf den Standpunkt der Hervorbringung im Zuge der Evolution stellen, wenn wir uns vorstellen, daß die kosmische Seele eine Art Imagination besitzt, dann können wir es so auffassen, daß die Formen im Fortgang der Natur durch die Imagination entstehen, und wir können diese Imagination als vielschichtiges Phänomen erkennen. Es gibt eine kosmische Imagination, die Imagination der *Anima mundi*, der Seele des Universums oder Weltseele. In ihr enthalten sind die Imaginationen von Galaxien, Sonnensystemen, Planeten, Ökosystemen, Gesellschaften, einzelnen Organismen, Organen, Geweben und so weiter. Es gibt viele Ebenen organisierender Seelen und Imaginationen. Wir müssen nicht von der Ebene eines Moleküls oder einer Pflanzenzelle geradewegs zur göttlichen Imagination oder in den transzendenten Bereich der Mathematik springen. Da liegt eine ganze Reihe von Imaginationen dazwischen.

Meiner Ansicht nach gibt es keinen schon feststehenden, schon voll ausgebildeten mathematischen Geist irgendwo da draußen. Vielmehr ist es so, daß wir mathematische Modelle von verschiedenen Aspekten der Natur erstellen und diese Modelle dann auf die Natur projizieren, wodurch die Illusion erzeugt wird, sie wären die äußere Wirklichkeit. Als Folge davon scheint die kosmische Imagination sich im Inneren einer ewigen mathematischen Seele zu vollziehen, wo sie doch vielleicht nicht mathematischer ist als wir, wenn wir träumen. Wir erleben unsere Träume nicht als von Gleichungen erzeugt oder als grundsätzlich mathematischer Natur.

Meine These ist also, daß die kosmische Imagination einen mathematischen Bereich umfassen könnte und daß dieser mathematische Aspekt sich entwickelt, genau wie unser Verständnis der Mathematik sich im Laufe der Zeit entwickelt.

RALPH: Ich sehe nicht, daß die Mathematik als eine Strategie der Modellbildung sich grundsätzlich von der verbalen Beschreibung unterscheidet. Zum Beispiel hast du ein geometrisches, visuelles Modell für das Welt-All beschrieben, in dem die Weltseele enthalten ist und so fort. Wenn man das als geometrisches Bild zeichnet statt als Wortbild, dann ist das offiziell Mathematik, Geometrie. Ich denke, mit Hilfe der Mathematik können wir für alles ein Modell bauen. Die Mathematik läßt sich schlicht als eine Erweiterung der Sprache begreifen. Sie ist kein Code von Gesetzen zur Beschreibung des Universums, wenn das auch das übliche Paradigma ist.

Die Mathematik ist eine besonders gute Sprache zur Beschreibung, Erörterung und Veranschaulichung von Dingen, die wirklich kompliziert sind. Je komplexer die Struktur, um so schwieriger ist sie denkend zu erfassen. Worte sind häufig unzulänglich. Die Sprache hat sich durch die Notwendigkeit entwickelt, unsere Erfahrungen auf einer mehr oder weniger herkömmlichen Komplexitätsstufe mitzuteilen, die unzureichend ist, wenn wir die ganze Welt verstehen wollen oder die Weltseele oder die Biosphäre des Planeten Erde. Die Mathematik besitzt nur geringfügig mehr Zauberkraft als die gewöhnliche Sprache.

Rupert hatte eine Beschwerde über die Chaostheorie anzumelden, über Determinismus und Vorhersagen. Aber nach der Chaostheorie sind Vorhersagen und Determinismus unmöglich! Obwohl sie die gleiche Sprache gebraucht wie deterministische Theoretiker, gibt sie uns, wenn wir uns im einzelnen mit ihr befassen, nur eine probabilistische Vorhersage.

Sodann kommen die Modelle, über die du sprechen möchtest, etwa für die Abkühlung, nicht allein aus der Chaostheorie, sie kommen aus der Bifurkationstheorie, in der sich die Mathematik von ihrer besten Seite zeigt. Die Mathematik sagt: Nach den Voraussetzungen, die du gemacht hast, werden gewisse Dinge nicht geschehen, gewisse andere werden geschehen. Dann bekommst du eine Liste von drei oder vier dieser sogenannten Bifurkationen. Wenn wir die Abkühlung nehmen, hast du meinethalben einen Bedienungsknopf, mit dem du die Hitze unter dem Topf herunterdrehst: Das Kochen klingt nach und nach ab und geht in ein Köcheln über, das wieder in leichte Turbulenzen - bis schließlich gar nichts mehr passiert. Auf jeder Stufe haben wir, mathematisch gesehen, ein Modell mit Attraktoren, vielleicht mit chaotischen Attraktoren. Jedesmal, wenn du den Knopf drehst, bekommst du ein anderes Modell. Das heißt, wenn du nicht vorhersagen kannst, wie der Knopf gedreht wird, geben die Modelle nicht die geringste Vorhersage. Das einzige, was die Bifurkationstheorie dir sagen kann, ist, welche Arten von Umwandlungen du zu erwarten hast.

Terence beispielsweise hat auf den Umschlagspunkt-Aspekt der Evolution hingewiesen: Viele Umwandlungen sind sprunghaft, katastrophisch, abrupt. Hierzu sagt die Theorie einfach, daß in derartigen Modellen die Umwandlungen meistens abrupt sind. Der Bifurkationstheorie zufolge schließen diese mathematischen Modelle jeden Determinismus, selbst einen probabilistischen Determinismus, aus. Wir haben eine ganze Enzyklopädie von Bifurkationen, die gute Modelle für Umwandlungen, für die Entstehung von Formen sind, etwa in der neolithischen Revolution oder in der Bildung des Sonnensystems.

Diese Theorie kann Modelle für so ziemlich alles liefern, aber sie erledigt niemals die Frage nach dem *Ursprung* der Dinge oder nach der *wahren Natur* der gewöhnlichen Wirklichkeit. Wie die Sprache taugt sie zur Kommunikation; sie taugt zum Verstehen, weil Modellbildung ein Teil unserer elementaren Verstehenstätigkeit ist. Modelle taugen nicht zur Vorhersage, aber zur Vermehrung des Verständnisses.

RUPERT: Du stellst die Sache eindrucksvoll und bescheiden dar, wenn du argumentierst, daß Mathematiker bloß Modelle bauen. Die Chaostheorie liefert eine neue Palette von Modellen. Wir dürfen damit rechnen, daß in der Zukunft weitere Modelle auf den Markt kommen.

Ich vermute aber, daß da noch mehr im Busch ist, denn die herkömmliche Annahme besagt, daß erfolgreiche Modelle deshalb funktionieren, weil es mathematische Aspekte der Natur gibt, auf die sie sich geheimnisvollerweise beziehen. Ich begegne häufig Mathematikern oder Physikern, die sagen, die Quantenphysik sei das großartigste Vorhersagesystem seit Menschengedenken, das auf viele Kommastellen genaue Vorhersagen gibt. Doch als ich in Indien als Agrarbiologe arbeitete, gab es niemanden, der die Ergebnisse meiner Pflanzenexperimente vorhersagen konnte. Das wirkliche Wachstums- und Ertragsverhalten war mit Modellen auf der Grundlage physikalischer Prinzipien in gar keiner Weise zu fassen. Man kann vage empirische Ertragsmodelle aufstellen und sie durch den Computer laufen lassen. Keines davon bot mir eine überzeugende Demonstration, daß die ganze Sache auf einer verborgenen mathematischen Ordnung beruht.

Sind die Fehler der Natur realer als die mathematischen Modelle, die wir von ihnen aufstellen, oder gibt es eine Mathematik, die noch grundlegender ist als die Felder? Nimm zum Beispiel die Polaritäten des elektromagnetischen Feldes, den magnetischen Nord- und Südpol und positive und negative elektrische Ladungen. Existieren diese Polaritäten aufgrund eines fundamentalen Zweierprinzips, einer archetypischen Dualität hinter und jenseits der Natur? Oder sind Felder halt einfach so? Und nehmen wir, wenn wir uns das breite Spektrum polarer Phänomene anschauen, eine Abstraktion vor, die wir dann mathematisch darstellen können, die aber nicht in einem objektiven, transzendenten Bereich existiert?

RALPH: Du könntest verschiedene Mathematiker fragen und würdest verschiedene Antworten erhalten. Ich sag dir meine, und andere Mathematiker werden sagen, sie zählt nicht, denn ich sei gar kein Mathematiker - meine Antwort sei der Beweis dafür.

Für mich ist die Mathematik eine wunderschöne Landschaft, eine andere Wirklichkeit voll ungeschauter Möglichkeiten. Es gibt in der mathematischen Landschaft ältere und jüngere Teile, und dieses ganze System befindet sich in Ko-Evolution mit der gewöhnlichen Wirklichkeit, insofern als Menschen hineingehen und sich darin aufhalten, um zu forschen und ihre kreative Energie hineinzugeben. Nur ein kleiner Teil dieser mathematischen Landschaft wird dazu benutzt, irgend etwas in der gewöhnlichen Wirklichkeit darzustellen.

Für den Nichtmathematiker ist der Teil der Mathematik, der zur Darstellung von etwas Bekanntem benutzt wird -

etwa dem Kochen von heißem Wasser –, der einzig sichtbare. Er staunt über die bestechende Übereinstimmung zwischen einem mathematischen Konzept, das allein die Frucht menschlichen Denkens ist, und diesem kochenden Topf Wasser. Dieser Teil der Mathematik wurde primär in der Geschichte der Physik sichtbar, die sich mit der Untersuchung der einfachst möglichen Systeme beschäftigt.

Wenn du von deiner Erfahrung als Agrarbiologe erzählst, dann sprichst du von einem Bereich, der unendlich viel komplizierter ist als das komplexeste physikalische System. Die Teile der Mathematik, die von diesen Physikern benutzt wurden, sind für Mathematiker die am wenigsten interessanten. Die Mathematik hat den komplexen Wissenschaften viel mehr zu bieten als der Physik. Das ganze Potential der Mathematik, uns in unserer Evolution zu helfen, rührt daher, daß sie unser Verständnis von Systemen erweitern kann, die zu komplex sind, um ohne sie verstehbar zu sein, etwa wenn eine kleine Veränderung im Wetter zur Folge hat, daß einige Erbsen auf Kosten anderer wachsen.

In einem Ökosystem gibt es so viele verschiedene Dinge. Wir können nicht sicher sein, daß eine einzige Ölpest vor einer einzigen Küste nicht zur Wüstenbildung führt oder zum Äquivalent des nuklearen Winters. Unser Verständnis kann durch die Mathematik vorangetrieben werden, weil die Mathematik eine Erweiterung der Sprache zur Behandlung komplexer Systeme ist. Wir können Modelle für emotionale Beziehungen, für Liebschaften, für das Wettrüsten zwischen einzelnen Staaten oder für die Vereinten Nationen erstellen. Wir können diese Dinge mit Modellen darstellen, die nicht perfekt sind, aber besser als gar keine Modelle. Die Konstruktion dieser Modelle ist ein Teil unserer Evolution, und sie ist auch ein Teil der Evolution der mathematischen Landschaft.

RUPERT: Ich muß zugeben, daß mein Interesse an mathematischen Modellen ungemein zugenommen hat, seit ich auf die Attraktoren gestoßen bin. In keinem anderen Zweig der Wissenschaft ist jemand imstande gewesen, teleologische Prinzipien zu denken, die von vorn ziehen. Du, Ralph, hast mehr als sonst ein Mathematiker, den ich kenne, dazu beigetragen, die Grundzüge dieser Mathematik zugänglich zu machen. In deinen vier Bänden über visuelle Dynamik kommt keine einzige Gleichung vor. Durch Diagramme stellst du dar, was an dynamischen Systemen das Wesentliche ist. Normalerweise verbergen sich mathematische Ideen hinter einer undurchsichtigen Wolke von Symbolen, durch die die meisten von uns nicht durchsteigen. Es ist, als würden wir die Musik nur von der Partitur her kennen, ohne jemals wirklich die Symphonie zu hören. Diese Symbole beziehen sich auf Dinge, die für echte Mathematiker visuelle Anschaulichkeit besitzen.

Die Attraktoren haben unser Denken über die Natur wirklich verändert, denn mit ihnen können wir die «Entelechie» begreifen, wie Aristoteles es nannte, das Ziel, das den Veränderungsprozeß anzieht. Was ich gern wüßte, ist, wie du dir das Wirken von Attraktoren vorstellst. Denn man kann machen, was man will, sie scheinen ein Ziehen von vorn statt eines Schiebens von hinten zu implizieren, eine eher Aristotelische als mechanistische Vorstellung. Auf der kosmologischen Ebene gelangen wir zu der Überlegung, über die Terence und ich heute vormittag diskutiert haben, zu dem Gedanken eines Attraktors für den gesamten kosmischen Evolutionsprozeß.

RALPH: Ich muß gestehen, als ich das von euch beiden hörte, hab ich den Mund gar nicht mehr zugekriegt. Ich war erstaunt über diese Auslegung, und ich könnte nicht sagen, daß sie falsch ist, aber ich bin sicher, daß sie anders ist als alles, was Mathematiker jemals über Attraktoren in dynamischen Systemen gedacht haben.

Stell dir vor, ein Zug fährt auf einer Strecke und wird den nächsten Bahnhof in sieben Minuten erreichen. Zieht der Bahnhof den Zug? Das dynamische System ist die Strecke, der gegenwärtige Moment ist der Zug, und der Attraktor ist der Bahnhof, der vielleicht nicht einfach ein Punkt ist. Er könnte ein kreisförmiger Gleisabschnitt sein oder ein großes Schienengewirr, ein chaotischer Attraktor. Der Gedanke, daß der Zug angezogen wird, könnte einem durch das Wort «Attraktor» nahegelegt werden. Als wir Anfang der sechziger Jahre auf dieses Wort kamen, dachten wir nie daran, daß es jemand einmal so auslegen würde. Jetzt sehe ich, daß das die naheliegende Auslegung ist, wenn jemand dieses Wort unbefangen liest.

RUPERT: Vor demselben Problem stand Sir Isaac Newton, als er das Wort «Anziehung» für die Schwerkraft wählte. Als Voltaire 1730 London besuchte, über vierzig Jahre nachdem Newton seine Gedanken veröffentlich hatte, waren diese in Frankreich noch immer nicht anerkannt, und zwar hauptsächlich deswegen, weil er das Wort «Anziehung» gebraucht hatte mit seinem Beiklang sexueller Anziehung und den dazu bestehenden animistischen und subjektiven Assoziationen. Die Vorstellung, die Erde könnte einen Stein anziehen wie eine attraktive Frau einen Mann, erschien lachhaft. Voltaire meinte, wenn Newton ein anderes Wort gewählt hätte, wären seine Theorien dreißig Jahre eher angenommen worden.

Tatsache ist, daß die mechanistische Kosmologie die animistische Kosmologie ersetzte, indem sie animistische Prinzipien wie etwa die «Anziehung» durch die Schwerkraft hintenherum mit der Ausrede einführte, Anziehung sei ein mechanisches Prinzip. Nach dem Aristotelischen Weltbild fielen Steine zu Boden, weil sie zur Erde gezogen wurden: Sie wurden an den ihnen bestimmten Ort gezogen; sie kehrten heim. Die Newtonsche Physik sagte: Es ist völlig falsch, sich das Wirken der Natur auf der Grundlage solcher Anziehungen vorzustellen. Steine fallen vielmehr aufgrund einer «Schwerkraftanziehung» zu Boden. Ist es nicht merkwürdig, den Begriff «Anziehung» zu gebrauchen, wenn man eine Anziehung bestreiten will? Der Newtonianer versuchte, von den animistischen Assoziationen loszukommen, und tat so, als wäre das nur ein neutraler *Terminus technicus*.

Im Zuge der wissenschaftlichen Entwicklung seit der mechanistischen Revolution ist die Anziehung wieder und immer wieder neu erfunden worden. Ich vermute, das gleiche gilt auch für deine dynamischen Attraktoren. Mit der Entscheidung für Namen wie Anziehung oder Attraktor bekommt die Idee eine gewisse innere «Anziehungskraft» und Glaubwürdigkeit.

Ich glaube, selbst wenn man dein Beispiel mit dem Zug nimmt, zieht zwar der Bahnhof den Zug nicht, aber in einem gewissen Sinne ist der Bahnhof doch ein Attraktor. Ich nehme einen Zug, der nach London fährt, weil ich die Absicht habe, nach London zu fahren. Was den Zug in gewissem Sinne motiviert, ist die Absicht der Leute, die nach New York oder Los Angeles oder London wollen. Wenn Menschen nicht zielgerichtet wären und keine Fahrtziele hätten und wenn die Eisenbahngesellschaften keine Fahrpläne hätten und den Einsatz der Züge nicht nach ihren Einschätzungen von Angebot und Nachfrage planten, würde dieser Zug nicht fahren. Der Zug kann im Modell behandelt werden, als ob er bloß ein dynamisches System auf Schienen wäre, die zufällig in London enden. Wenn man die Züge auf der Londoner Strecke beobachtet, sieht man viele nach London fahren, also setzt man in dem Modell London als Attraktor ein, sagt aber gleichzeitig, es hätte nichts mit Anziehung zu tun. Das ist für mich Augenwischerei, denn es hat sehr viel mit Anziehung zu tun. Wenn es Bahnstrecken gibt, die nirgendwohin führen, werden sehr wenig Leute darauf fahren, und nach einer Weile ...

RALPH: ... gibt es dort keine Bahnhöfe mehr.

RUPERT: Genau. Die Eisenbahngesellschaften machen sie zu, weil sie sagen, es gibt keinen Bedarf. Dieses Beispiel, und sogar deines, impliziert, daß Attraktoren eine wirkliche Anziehung ausüben.

RALPH: Das ist eine gute Analogie zu Newtons Schwerkraftanziehung. Bei seiner Theorie, und ebenso in der allgemeinen Relativitätstheorie, gibt es einige ungelöste Probleme, was die Wirkung über eine räumliche Distanz angeht. Ich glaube, wir haben es hier mit etwas Ähnlichem zu tun, aber hier geht es um die Frage der Wirkung über eine zeitliche Distanz. Zweierlei Zeit ist hier verwechselt worden.

Der Zug fährt die Strecke entlang und kommt zum Bahnhof, dem Attraktor. Das Problem bei dem Gedanken, daß der Bahnhof den Zug zieht, ist, daß die Ursache dann in der Zukunft liegt. Deine These, daß der Bahnhof den Zug zieht, weil die Leute dort hinwollen, bezieht sich auf eine andere Zeit, und das ist die Zeit in dem größeren Zusammenhang der Entwicklung des ganzen Eisenbahnsystems. Früher, als es noch keine Bahnhöfe gab, stiegen die Leute einfach ein und aus, wo sie wollten; sie baten einfach den Schaffner anzuhalten. Nachdem viele Leute an einer bestimmten Stelle um Halt gebeten hatten, baute man dort einen Bahnhof. Was hier in Frage kommt, ist ein dynamisches Modell für die Entwicklung des Eisenbahnnetzes selbst mit seinen verschiedenen Strecken und Bahnhöfen bis hin zum Standort von Städten und so weiter. Dies alles entwickelt sich langsam im Laufe einer anderen Zeit, die sich nach Jahrhunderten bemißt. Dieser langsame evolutionäre Zug fährt ebenfalls auf einen Attraktor zu, der die Standorte von Städten einschließt, das Netz der Strecken und Bahnhöfe und so weiter. Wird dieser langsame Zug von dem Attraktor gezogen? Ich glaube nicht, denn die Leute äußern ihren Willen, indem sie mit dem schnellen Zug fahren und ein- und aussteigen, wo sie wollen, und das ist der Motor des langsamen Zuges. Bestimmend für die Entwicklung ist der freie Wille im konkreten Augenblick, das kolletive Handeln von Fahrgästen in der Gegenwart.

RUPERT: In einer gewissen Hinsicht haben wir in der Psychologie mit diesem Problem zu tun. Motivationen im gewöhnlichen psychologischen Sinne schieben nicht von hinten, wie du weißt, sondern ziehen von vorn. Wenn vor Gericht die Ursache eines Ereignisses ermittelt werden soll, spielt die Motivation eine sehr wichtige Rolle. Hat Soundso den Mord an Soundso vorsätzlich begangen? Was war sein Motiv? Wenn es dabei etwa um eine Erbschaft ging, so wurde er gewissermaßen von einem zukünftigen Zustand oder einem vorgestellten zukünftigen Zustand gezogen. Wir alle haben Wünsche und Ziele, die uns motivieren. Wir alle hatten die Absicht, dieses Wochenende nach Esalen zu kommen, und die Absicht ging unserer Ankunft hier voraus. Das Ziel, hier zu sein, zog unser Handeln an. Dieses Ziel lag in der Zukunft.

Das Konzept morphischer Attraktoren in der Theorie der morphischen Resonanz versucht genau wie das Konzept der Entelechie in der Aristotelischen Vorstellung der Seele, der Tatsache Rechnung zu tragen, daß das System, die Person, das sich entwickelnde Tier, die sich entwikkelnde Pflanze oder sonst etwas in der Gegenwart dem Einfluß eines potentiellen zukünftigen Zustandes unterliegt, der noch nicht eingetreten ist. Dennoch ist dieser potentielle zukünftige Zustand das, was die Entwicklung des Systems in der Gegenwart lenkt und leitet und anzieht.

Existiert nun dieser zukünftige Zustand in der Gegenwart, in einer anderen Dimension oder Richtung oder Zeitschicht, oder liegt er tatsächlich da draußen in der Zukunft und übt von morgen oder übermorgen aus einen Zug durch die Zeit aus? Es gibt verschiedene Möglichkeiten, sich das vorzustellen, verschiedene Imaginationsmöglichkeiten.

RALPH: Wir sind wieder bei der Imagination angekommen.

RUPERT: Genau. Terence ist dran.

TERENCE: Ich habe zu dieser Diskussion eine Menge zu sagen, und ich werde mich mal von hinten da durcharbeiten.

Von Alfred North Whitehead stammt der Ausdruck *«appetition for completion»*, Vollendungsdrang, und genau darauf ist meines Erachtens diese Anziehung, von der hier die Rede ist, aus: auf Vollendung. Wenn wir nicht das Wort «Attraktor» gebrauchten und statt dessen davon ausgingen, daß der Prozeß von hinten geschoben wird, müßten wir ein Wort wie «Antreiber» oder «Motivator» nehmen. Das scheinen mir, ganz spontan, wenig elegante Ausdrücke zu sein. Anders als «Attraktor» werfen sie sofort Fragen nach der konkreten Funktionsweise auf. Wir wissen, was passiert, wenn Dinge von etwas angezogen werden: Sie bewegen sich einfach darauf zu. Wenn etwas zu etwas anderem «hingetrieben» oder «motiviert» wird, müssen wir uns einen daran angebundenen Motor vorstellen, der es zu einem Endzustand vorwärtstreibt und diesen auch noch auf magische Weise orten kann.

Wenn man den Attraktor als den Grund eines Energiebrunnens betrachtet, dann wird alles, was in den Energiebrunnen geworfen wird, zu dem Attraktor gelangen, weil dieser der energieschwächste Zustand ist. Das ganze System strebt ganz natürlich in diese Richtung. Die Vorstellung, daß die Ursache in der Zukunft liegt, wirft den herkömmlichen Kausalitätsbegriff über den Haufen, deshalb ist die Wissenschaft so darauf aus, sie in Verruf zu bringen. Sie zu akzeptieren, würde in der Konsequenz das Vorgehen der Wissenschaft erheblich erschweren.

Ralph und seine Kollegen stellen seit vielen Jahren Modelle auf für das Pflanzenwachstum, tropfende Wasserhähne, verkoppelte Oszillatoren wie Gruppen von Kukkucksuhren an der Wand und dergleichen Dinge. Die Herausforderung für die Modellbildung der Zukunft ist die menschliche Geschichte. Man wird kein Spielchen mehr machen können, um einer Gruppe von Studenten oder Kollegen etwas zu demonstrieren, sondern man wird tatsächlich Modelle und Methoden entwerfen, die wirklichkeitshaltig genug sind, um allmählich die Welt wiederzugeben, wie sie ist. Diese Modelle werden sich nicht nur mit der realen Welt der Biologie befassen, sondern auch mit der realen Welt der unmittelbaren Erfahrung, in menschliche Institutionen eingebettet zu sein.

Daß die Geschichte im 20. Jahrhundert in ein solches Schlamassel geraten ist, ist meines Erachtens allein die Folge des fehlenden Glaubens an einen Attraktor. Das Vermächtnis, das der Existentialismus und die um ihn gruppierten Philosophien uns hinterlassen haben, ist die Ansicht, daß es keinen Attraktor gibt, keinen Vollendungsdrang. Alles erklärt sich aus der Vergangenheit bis hin zur Gegenwart und geht kein Stückchen weiter.

Ich sehe mich durch diese Diskussion, durch das Beispiel mit der Komplexität und der Abkühlung, veranlaßt, etwas zu denken, das ich noch nie zuvor gedacht habe. Ich sehe eine Dimension, die ich noch nie zuvor gesehen habe. Und ich habe die Tendenz, jedes Prinzip bis zu seiner letzten Konsequenz weiterzuführen.

Also: Wenn die zunehmende Komplexität im Leben des Universums wirklich direkt mit fallenden Temperaturen zusammenhängt, dann scheint die Annahme sinnvoll zu sein, daß die komplexesten Zustände in der zukünftigen kosmischen Geschichte bei sehr niedrigen Temperaturen eintreten werden. Es ist interessant, daß ein Phänomen wie die Supraleitfähigkeit, die für Festkörpertechniker als Möglichkeit, Information vor dem Zerfall zu bewahren, von Bedeutung ist, bei sehr niedrigen Temperaturen auftritt. Wenn man in einen supraleitenden Kreislauf mit einer Temperatur in der Nähe des absoluten Nullpunkts Informationen einspeist, ist es unmöglich, diesen Kreislauf zu unterbrechen, ohne ihn zu zerstören. Leute wie Erwin Schrödinger haben schon Anfang der dreißiger Jahre darüber spekuliert, daß das Leben in seinem Drang, sich gegen Mutationen zu stabilisieren, dies wohl am ehesten erreichen könnte, indem es sich eines Prinzips bedient, das dem der Supraleitfähigkeit entspricht.

Tatsächlich deutet die Art, wie Ladungsübertragungen und solche Dinge in der DNS stattfinden, darauf hin, daß die Natur dieses Prinzip in ihre Verfahrensweise aufgenommen haben könnte. Uns in der heutigen Zeit sagt das folgendes: Unser derzeitiger kultureller Phasenübergang im Umgang mit Maschinen bedeutet womöglich nicht, daß wir, wie ich immer dachte, ganz dicht vor dem Zustand maximaler Neuheit stehen. Es könnte vielmehr sein, daß wir uns irgendwo in der Mitte der topologischen Mannigfaltigkeit befinden, die ich die «Neuheitswelle» nenne und die vom Anfang bis zum Ende aller Dinge verläuft. Der kulturelle Übergang, den wir erleben, ist ein Herunterladen aller bis jetzt erreichten Neuheit in einen viel kälteren und stabileren Zustand von Siliziumkristallen und mit Arsen gedopten Chips und solchen Sachen. Das ist ein ziemlich erschreckender Gedanke, weil uns allen davor graut, durch Maschinen ersetzt zu werden. Andererseits wurden Prokaryonten durch Eukaryonten ersetzt, und es hat etliche andere Ersetzungsszenarien in der Geschichte des Lebens gegeben.

Diese Überlegung zur Abkühlung und Komplexität

scheint zu implizieren, daß in meiner Theorie der «Zeitwelle» der Nullpunktattraktor am Ende der Zeit tatsächlich der absolute Nullpunkt sein könnte und daß, was die Zeitwelle oder die fraktale Zeitmannigfaltigkeit wirklich beschreibt, die Schwankung der Wärmeentwicklung im Leben des Universums ist. In Regionen großer Hitze wird Information abgebaut und geht Neuheit verloren, und es gibt so etwas wie eine Rückfalltendenz. Wenn die Temperaturen fallen, stellt sich die Ordnung wieder her, und die Dinge stabilisieren sich.

Interessanterweise treten im Gefolge jeder Eiszeit menschliche Populationen mit besseren Werkzeugen, besseren Sprachen, besseren Techniken als vorher auf den Plan. Es ist, als ob der gestiegene Umweltdruck und vielleicht sogar die gestiegene Notwendigkeit, mehr Zeit gemeinsam zu verbringen, das Auftreten höherer Ordnungszustände bewirkt.

Wir verbinden niedrige Temperaturen mit dem Tod. Uns ist allen klar, wenn die Temperaturen unter einen bestimmten Wert in einem sehr schmalen Bereich fallen, dann ist es aus mit uns. Jedoch die Maschinen, die wir erfinden, arbeiten immer effektiver, je tiefer die Temperatur sinkt. In der Nähe des absoluten Nullpunkts sind geradezu wunderbare Dinge vorstellbar, was technische Speicherung und Abrufung von Informationen betrifft.

RALPH: Terence, was ist das optimale Medium für biologische Informationsspeicherung?

TERENCE: Eine Spore. Sehr kalte Bedingungen sind ganz optimal für Pilzsporen. Die tatsächliche Entfaltung des Genoms durch das Wachstum der Pilze muß unter normalen biologischen Bedingungen geschehen, aber in flüssigem Stickstoff aufbewahrte Sporen können unendlich lange halten. Die meisten Gewebe können bei diesen niedrigen Temperaturen unendlich lange halten. Bei 30° Kelvin ist das Dasein nicht sehr interessant, aber es ist der Weg einer Art von Unsterblichkeit, weil hier eine Konservierung stattfindet.

RUPERT: Der Gedanke der Informationsspeicherung bei niedrigen Temperaturen ist recht spannend, zumal wenn wir uns den Unterschied zwischen gesprochener und geschriebener Sprache anschauen. Die ersten geschriebenen Sprachen, von denen wir wissen, wurden auf Steine geschrieben, das perfekte kristalline Speicherungssystem bei niedrigen Temperaturen. Die Zehn Gebote etwa, die Moses erhielt, standen auf Steintafeln. Auf Stein zu schreiben, ist gewissermaßen ein dauerhaftes Speicherungssystem. Die Sachen in Siliziumkristalle zu stecken, ist raffinierter, aber immer noch grundsätzlich eine Speicherungsmethode bei niedrigen Temperaturen. Man kann nicht auf Wasser oder in den Wind schreiben.

Die geschriebene Sprache erschafft für uns die Illusion einer unabhängigen Welt. Die Vorstellung einer tranzendenten Welt ewiger Formen hätte vor der geschriebenen Sprache gar nicht aufkommen können, weil die geschriebene Sprache das Modell dafür abgibt. Es ist, wie ich meine, eine Art von Götzendienst, der uns glauben läßt, diese selbstgemachten Symbole und Strukturen, einmal niedergeschrieben, würden in einer anderen Welt für alle Zeiten währen. Die gesprochene Sprache ist viel älter als die geschriebene Sprache, aber sie ist ein Prozeß, der sich in der Zeit abspielt.

In analphabetischen Kulturen werden die Erinnerungen mündlich in Geschichten überliefert, die immer wieder neu erzählt werden und die sich mit der Mitteilung weiterentwikkeln. Die mündliche Weitergabe, die Geschichte, entwickelt sich organisch im Zuge der Zeit, und es gibt keinen, der sagt: «Hör mal, du erzählst die Geschichte falsch. Im Buch steht sie so und so.»

Die gesprochene und geschriebene Sprache liefern uns unterschiedliche Modelle der Wirklichkeit. Die mündliche Überlieferung hat etwas Weiterwachsendes und doch Bewahrendes an sich und geht von einem Wirklichkeitsmodell aus, das in Gewohnheit und Tradition verwurzelt und dennoch offen ist für die schöpferische Imagination. Sobald man das Modell der geschriebenen Sprache benutzt, erhält man durch die Projektion der Vorstellung, die Dinge seien fest, weil niedergeschrieben, den Eindruck eines Reiches ewiger Formen oder Formeln.

RALPH: Einfach um dem zu widersprechen, stelle ich mir einmal vor, daß die Mathematik wahrscheinlich nicht nur der Schrift, sondern auch der Sprache vorausging. Mit Sicherheit ging sie der Schrift voraus. In der Mathematik haben wir beispielsweise einen Kreis und eine Gerade, was für Platon ideale, ewige Formen sind. Brauchen wir ein Schreiben auf Stein, um uns eine Gerade, einen Kreis oder ein Dreieck als eine ewige Form zu denken? Die Entwicklung dieser Art von Mathematik erfolgte wahrscheinlich durch Sandzeichnungen. Die Schrift erwuchs aus diesen Zeichnungen im Sand, und erst später fingen wir an, auf Stein zu ritzen. Es ist möglich, daß der Gedanke ewiger Formen, Gesetze und so weiter vor dem Schreiben auf Stein aufkam und daß dieses

Schreiben auf Stein bloß eine Verfestigung dieser Ideen war. Es deutet auf eine evolutionäre Fortbewegung vom Unstofflichen zum Stofflichen hin, vom Abstrakten zum Konkreten, also auf das Gegenteil von dem, was viele Leute meinen.

TERENCE: Ich fasse jetzt diesen Dialog zusammen. Der Begriff des Attraktors wurde vorgestellt und im einzelnen erläutert, wahrscheinlich zur Aufklärung von wenigstens zweien der Anwesenden, Rupert und mir. Attraktoren scheinen sehr wesentlich zu sein, wenn man verstehen will, was die Chaostheorie Neues zu bieten hat. Rupert verbreitete sich ausführlich über die sehr nützliche Analogie, wie durch Phasenübergänge Ordnung zustande kommt, und zwar anhand des Modells der Abkühlung, sowohl in dem besonderen Fall der Abkühlung einer Flüssigkeit als auch in dem des ganzen Kosmos als einer sich langsam abkühlenden Lösung, die mit sinkender Temperatur durch Phasenübergänge von niedrigeren zu höheren Ordnungszuständen aufsteigt.

Ralph wagte dann den Versuch, die Komplexität der Aussagen der Chaosdynamik zu vermitteln, indem er über den Gedanken des Attraktors und des Anziehungsbeckens hinausging, und stellte die Idee der Bifurkation vor, die eine Weiterentwicklung der Metapher bedeutet. Die Ergiebigkeit, die Ästhetik und die Beschränkungen des Modellbildungsprozesses wurden dann diskutiert und die Art, wie Modelle uns gestatten, provisorische Bilder der Wirklichkeit zu entwerfen, in die wir korrigierende Rückkoppelungsschleifen einbauen können, mit denen wir immer deutlichere Bilder des in der Darstellung anvisierten Systems ansteuern können. Ebenfalls gestreift wurde die Frage, wie neue Formen aus der natürlichen Ordnung entstehen und wie sie sich mit der Zeit stabilisieren.

Je länger wir reden, um so mehr scheinen sich Kreativität, Imagination und Chaos als ein und dasselbe zu erweisen, es kommt zu einer Vermischung. Man kann jede Rolle spielen und entdecken, daß sie sehr weitgehend der Rolle gleicht, die man gerade abgelegt hat. Das bedeutet, wir kommen voran: Die getrennten Begriffe, die jeder von uns vertritt, fließen ineinander über.

Die Verdrängung des Chaos hat eine Hemmung der Kreativität und damit einen Widerstand gegen die Imagination zur Folge. Die schöpferische Imagination, die am stärksten in Menschen wie Euler oder Bach zutage tritt, sollte in jedem rege sein. Die Leute haben aber einen Widerstand gegen ihre eigene schöpferische Imagination. *Ralph Abraham*

Es ist die Imagination, die für einen göttlichen Funken im Menschen spricht. Es ist völliger Irrwitz, die Imagination als etwas begreifen zu wollen, das von der Biologie als notwendige Größe hervorgebracht wird. Sie ist eine Emanation von oben, buchstäblich ein Abstieg der Weltseele in uns alle. *Terence McKenna*

Eine Sache ist klar, nämlich daß das Chaos weiblich ist und daß die Entstehung aus dem Chaos wie eine Entstehung aus dem Mutterschoß ist, ein Heraustreten aus der Finsternis: eine Keimanlage entfaltet sich. *Ralph Abraham*

3. *Chaos und Imagination*

RALPH: Es besteht eine Resonanzbeziehung zwischen Chaos auf Ebene 3 und Chaos auf Ebene 1 der Abbildung 3. Mein Verständnis dieser Resonanz hat im Laufe der letzten Jahre zugenommen. Ich bin ein großer Freund des Chaos, aber nicht nur auf der mathematischen Ebene. Ich möchte jetzt über Chaos im gewöhnlichen Leben sprechen und über das Verhältnis dieses Chaos zur Imagination. Dabei werde ich versuchen zu erklären, weshalb ich die Chaostheorie für die größte Entdeckung seit dem Rad halte. Terence hat die Bedeutung von Chaos und Fraktalen in seinem eigenen Denken hervorgehoben. Ich werde jetzt einen weiteren Grund nennen, weshalb wir die Chaosrevolution als frohe Botschaft auffassen sollten.

Voriges Jahr gab mir jemand, der wußte, daß ich gerade ein nicht fachspezifisches Buch über «Chaos, Gaia und Eros» schrieb, ein tolles Zitat. «Die ganze Schöpfung beginnt im Chaos, schreitet im Chaos fort und endet im Chaos.» Das Wort «Chaos» erscheint zum erstenmal bei Hesiod, um 800 v. Chr., am Anfang der orphischen Tradition im alten Griechenland. Das Wort steht in seiner *Theogonie*, die der Reihe nach die Erschaffung der Götter und Göttinnen schildert. Die drei Hauptgottheiten sind Chaos, Gaia und Eros.

Bei diesem ersten Auftreten in der Literatur hatte das Wort nichts mit dem zu tun, was wir heute in unserer Sprache und im gewöhnlichen Leben unter Chaos verstehen. Es war eine gähnende Leere zwischen Himmel und Erde, aus der die Formen hervorgingen. Die Schöpfung kam aus dem Chaos, aber Chaos bedeutete nicht Unordnung oder irgend etwas Negatives; es bedeutete nur gähnende Leere.

Mit diesen Eigennamen sind in der griechischen Literatur keine Menschen oder menschenähnlichen Götter gemeint; es sind abstrakte Prinzipien, vor allem bei Homer und Hesiod und im orphischen Schrifttum. Diese drei - Chaos, Gaia und Eros - sind kosmische Kräfte. Chaos ist ein Himmelsbegriff, Gaia ist ein Erdbegriff, Eros ist ein Geistbegriff. Während Chaos und Gaia bei Hesiod weiblich sind, ist Eros bisexuell, ein Androgyn. Es sind abstrakte Begriffe von Himmel, Erde und der schöpferischen Spannung dazwischen, wie in der Welt der Körper, die Seele und der Geist.

Wenn man zum Himmel aufschaut, ist die auffälligste Erscheinung die Milchstraße. Wenn sie über einem ist, sieht sie aus wie eine Lücke zwischen den beiden Seiten des Himmels. Der Himmel ist wie ein Osterkorb, um dessen Rand in der Mitte die Ekliptik verläuft wie eine Schlange. Alles, was unterhalb dieses Randes liegt, im Korb quasi, gilt als die Unterwelt. Alles darüber ist die Oberwelt, die gewöhnliche Wirklichkeit. Über den oberen Teil geht ein Henkel, die Milchstraße, die als Königsweg der zwischen Unterwelt und Oberwelt hin und her ziehenden Götter mitten durch die Oberwelt führt.

Die Milchstraße sieht aus wie ein Fraktalfoto, das prototypische Chaos im Sinne von Zufälligkeit oder Unordnung. Davon ausgehend, kann man dann das Wort mit einem älteren Wort verbinden, einem Eigennamen und kosmischen Begriff, der das bezeichnet, was man visuell in der Milchstraße selbst wahrnimmt. Dieser Name ist *Tiamat*, die Göttin des Chaos aus dem *Enuma Elisch*, dem großen epischen Gedicht der babylonischen Literatur. Es ist eine Schöpfungsgeschichte vom Ursprung der Götter und der Erschaffung der Welt durch Tiamat und Apsu, die Göttin und den Gott des Chaos, die im Wasser lebten. Sie erschufen das Pantheon der Götter und Göttinnen und die ganze Welt. Zu guter Letzt kam Marduk daher, ein jüngerer Gott aus der nächsten Generation, und es kam zum Konflikt zwischen den älteren und den jüngeren Göttern über die Frage, wie die Welt regiert werden sollte. Anscheinend drückte dieser Konflikt eine gesellschaftliche Umwälzung aus, die Verstoßung von Apsu und Tiamat aus dem Pantheon der Stadt Babylon. Um 2000 v. Chr. wurde Marduk der erste Gott Babylons, der große Obermotz, was zusammenfiel mit dem Hereinbrechen patriarchaler Kriegerstämme über die Stadt, die einen neuartigen Streitwagen mit Speichenrädern anstelle von Scheibenrädern besaßen.

TERENCE: Du bist beim Rad angekommen.

RALPH: Das Rad als mathematisches Modell ist selbst das Paradigma der Ordnung. Unter Ordnung versteht man heute entweder etwas Statisches oder einen periodischen Prozeß, der sich in einem bestimmten Zyklus regelmäßig verändert. Kurzum, dem babylonischen Epos *Enuma Elisch* zufolge wurde Tiamat (Chaos) von Marduk, dem Helden Babylons, getötet und in Stücke gerissen, aus denen er eine neue Weltordnung zu schaffen gedachte. Sein Neujahrsfest wurde im ganzen alten Europa gefeiert, sogar in Stonehenge. Zu Neujahr wurde das epische Gedicht als alljährliche Erinnerung daran verlesen, daß das Chaos schlecht ist und daß es nunmehr tot und von einer Ordnung ersetzt worden ist, die auf Periodizität, Zyklen, das Rad, vollkommene Rundheit und so weiter baut. Zweitausend Jahre lang wurde dieses Gedicht Jahr für Jahr auf einem elf Tage dauernden Fest verlesen, dem sogenannten Akitufest in Babylon, und ähnliche, fast identische Feste gab es in Ägypten, Kreta und Kanaan.

Dies alles macht die Bedeutung der heutigen Chaosrevolution deutlich. Das Chaos kehrt aus der Verbannung ins Unbewußte - etwa um 2000 v. Chr. - zurück, also nach viertausendjähriger Verdrängung. Bis heute müssen wir uns in unserer Kultur vor dem Chaos in acht nehmen, muß es durch Ordnung ersetzt werden. Ganz besonders die Naturwissenschaftler hassen es. Jetzt muß Tiamat endlich als Freundin angenommen und wieder auf ihren Thron gesetzt werden. Das sind große Neuigkeiten.

Nun zur Imagination. Wir haben die Verbindung zwischen Kreativität und Imagination und zwischen Chaos und Kreativität aufgewiesen und damit eine indirekte Verbindung zwischen Chaos und Imagination. Ich will jetzt versuchen, einen direkten Zusammenhang zwischen Chaos und Imagination herzustellen.

Die Verdrängung des Chaos hat eine Hemmung der Kreativität und damit einen Widerstand gegen die Imagination zur Folge. Die schöpferische Imagination, die am stärksten in Menschen wie Euler oder Bach zutage tritt, sollte in jedem rege sein. Die Leute haben aber einen Widerstand gegen ihre eigene schöpferische Imagination. Ich meine, daß dieser Widerstand eine mythologische, rituelle Grundlage hat. Er stellt eine sehr tiefe Chreode dar, eine Rinne im morphogenetischen Feld mit einer Tiefe von drei bis fünf Waddingtons.

TERENCE: Waddingtons?

RALPH: Na ja, Gewohnheiten sind laut Rupert Rinnen. Sie sind tief ausgefahrene Bahnen im morphogenetischen Feld. Die Gewohnheit ist selbst eine Gewohnheit. Wir haben die Gewohnheit, Gewohnheiten zu haben. Für die Gewohnheit, Gewohnheiten zu haben, gibt es ein mathematisches Modell, von Waddington Chreode genannt, bestehend aus einem Attraktor und seinem Sammelbecken (siehe Abbildung 1). Jeder Zustand in dem Becken tendiert zum Attraktor. Der Attraktor ist der Telos seiner Gewohnheit. Die Gewohnheit, Gewohnheiten zu haben, gleicht dem Leben in einer Landschaft mit Bergen und Tälern, wo wir die Tendenz haben, ins Tal hinabzugehen, die Talbahn hinunter zum Bahnhof zu fahren. Die Gewohnheit, Gewohnheiten zu haben, ist gut, aber einige Gewohnheiten können schädlich sein.

Rupert und ich wollten nun ein Maß für die Tiefe einer solchen Rinne haben. Da C. H. Waddington, wie Rupert erklärt hat, den Begriff der Chreode im Zusammenhang mit der Embryologie eingeführt hat, hielten wir es für angebracht, seinen Namen als Maßeinheit der Tiefe im morphogenetischen Feld zu nehmen.

Wenn etwas eine wirklich tiefe Rinne schafft, dann ist es die Wiederholung eines Mythos elf Tage lang hintereinander, einmal im Jahr, über 2000 Jahre. Dadurch wird er immer gewichtiger, eine tiefere Furche. Als Beispiel für eine wirklich tiefe Chreode empfehle ich dir, das Neujahrsfest Akitu anzuschauen. Die alttestamentliche Forschung hat Neujahrsfeste auf der ganzen Welt verglichen und erstaunliche Anzeichen für morphische Resonanzen im planetarischen Maßstab gefunden. Hier bestand, vor dem Rundfunk, eine globale Resonanzbeziehung zum Gaiageist; die Verteilung der sogenannten Venusfigurinen der Gravettienkultur über den ganzen Planeten liegt wohl auf derselben Ebene.

Damit hätten wir hier den konkreten Zusammenhang zwischen Chaos und Imagination: Die Verdrängung des Chaos und die daraus resultierende Hemmung der Imagination führten im Laufe von Jahrtausenden zur Entwicklung der schwerwiegenden, vielleicht verhängnisvollen ökologischen Probleme, die wir heute haben. Das Anwachsen dieser Probleme über jedes Maß hinaus und die geringe Zahl von Menschen, die auch nur versuchen, etwas daran zu ändern, deuten auf ein bewußtes Taubstellen hin, auf Mangel an Vorstellungskraft. Das sind die Auswüchse eines kulturellen Fehlverhaltens, das mit dem Patriarchat kam.

Ich sage nicht, daß die patriarchale Kultur schlecht ist, bloß weil sie patriarchal ist. Ich würde sagen, sie ist schlecht, weil sie das Chaos verdrängt hat, weil sie das Chaos schlechtgemacht hat, weil sie Marduk zum Boß gemacht hat: den Gott von Recht und Ordnung. Wir müssen diese Auffassung vom Chaos abschütteln, damit der Planet und das Leben und die Liebe gerettet werden können. Und siehe da, auf einmal tritt ein Ereignis ein, das vielleicht so positiv ist, wie die Entdeckung des Rades negativ war. Ohne das Rad aufzugeben, oder unsere Autos, gewinnen wir das Chaos wieder und machen es zum potentiellen Verbündeten des Rades. Chaos und Ordnung. Chaos und Kosmos. Chaos und Imagination.

TERENCE: Chaos und Imagination in paradoxer Gemeinsamkeit im Alltagsleben, in der Dimension, in der wir uns bewegen. Ich möchte das, was Ralph gesagt hat, aus meiner Perspektive gern weiterspinnen. Das Chaos ist weiblich. Das Chaos ist intuitiv. Das Chaos stellt der Sprache auf Schritt und Tritt nach. Beim Prozeß der Kulturbildung geht es auch darum, wie wir uns zur Verführung des Chaos verhalten. Und da wir gerade vom Alltagsleben sprechen, scheint es sinnvoll zu fragen, wie wir in den planetarischen Schlamassel, in dem wir stecken, hineingeraten sind und ob diese außerordentlich feingeistigen und abstrakten Themen, über die wir uns unterhalten, in irgendeinen Bezug zu den Problemen des brennenden Planeten gesetzt werden können.

Ich denke, ja. Ich denke, der Schlüssel ist erstens die Kraft des Chaos, das weiblich, unvorhersagbar und rational nicht voll zu erfassen ist, und zweitens die göttliche Imagination, die Imagination, die unser reichstes Erbe ist, das Geburtsrecht, das uns mit dem Göttlichen verbindet. Sie ist unsere Dichtergabe, unsere Fähigkeit, mit dem Gedanken der idealen Schönheit in Resonanz zu treten und in der Form der Kunst etwas zu schaffen, das unser Verständnis übersteigt.

Was sagt das nun alles über die Situation aus, in der wir uns befinden, und darüber, wie wir da hineingeraten sind? Ich glaube, daß die Bedeutung der Psychedelika primär in diesem Zusammenhang zu sehen ist und nicht einfach darin, daß sie die Wahrnehmung synergisieren, was sicher auch stimmt.

Wir haben nämlich eine verborgene Geschichte, von der wir das Wissen verloren haben und zu der wir erst jetzt wieder einen Zugang gewinnen können – aus der Geisteshaltung heraus, die uns möglich ist, wenn wir das neue Chaosparadigma annehmen. Wie diese verborgene Geschichte mit dem Geist von Gaia und der Weltseele zusammenhängt, kommt einer neuen Offenbarung gleich. Wir müssen uns über die erstaunliche Tatsache klarwerden, daß wir als Spezies Opfer eines traumatischen Falles von Kindesmißbrauch sind. Einst hatten wir Menschen eine symbolische Beziehung zu der weltumfangenden Intelligenz des Planeten, vermittelt durch schamanischen Pflanzengebrauch. Diese Beziehung wurde aufgrund der fortschreitenden klimatischen Austrocknung der eurasischen und afrikanischen Landmassen unterbrochen und ging schließlich verloren. Das waren die konkreten Kräfte hinter dem Fall in die Geschichte, unserer Vertreibung aus Eden. Sämtliche Urmythen vom gefundenen und verlorenen goldenen Zeitalter drehen sich darum, daß wir einst in dynamischem Gleichgewicht mit der Natur lebten, nicht nach Art der Tiere, sondern wie nur Menschen es können, in einer einzigartigen Weise, die wir verloren haben.

Wie haben wir sie verloren, und was haben wir verloren?

Psychoaktive Substanzen, die in der Frühzeit unserer Evolution in den weiter werdenden Kreis des Eßbaren aufgenommen wurden, wirkten hemmend auf die Bildung des Ich und förderten statt dessen kollektivistische, partnerschaftliche Stammeswerte, die in einem Rückkoppelungsverhältnis zur weiblichen vegetativen Matrix der Biosphäre uns intuitiv ansprachen. Mit anderen Worten, nichts wurde verbalisiert, alles wurde gefühlt. Alles wurde intuitiv erfaßt. Regelmäßig zu Neumond und Vollmond nahmen kleine Gruppen von

Wildbeutern und später von Hirten halluzinogene Pflanzen zu sich und lösten ihre Grenzen auf, sie praktizierten Gruppensex und schmolzen die Fehlformen ein, die sich in der Zwischenzeit seit der letzten Zusammenkunft in den Vorstellungen der Leute von der eigenen Persönlichkeit ausgebildet hatten. Durch diese Bräuche blieb die kulturelle Wirklichkeit auf der Ebene der gruppen- und arteigenen Werte gegründet, verwurzelt in dynamischem Gleichgewicht mit dem Ökosystem.

Als diese Praktiken mit dem Knapperwerden der jeweiligen Pflanzen ausstarben, entstanden neue Religionsformen und wurde die Zeit zwischen den großen Festen immer länger. Das Ich begann sich festzusetzen, zuerst als eine krebsartige Verirrung, dann aber rasch als eine neue Verhaltensweise, die anderen Verhaltensweisen das Wasser abgrub, indem sie den Zugang zu den Quellgründen des Chaos versperrte.

Das ist es, was ich herausstellen möchte: daß es zwischen dem Ich und dem vollen Verständnis der Wirklichkeit eine Schranke gibt, nämlich die Furcht des Ich davor, sich auf die Tatsache des Chaos einzulassen. In einer vormodernen Gesellschaft konnte keine Frau dem Chaos entkommen, und zwar wegen des automatischen Gebärzwanges, daß Frauen wieder und wieder und immer wieder gebären mußten, bis sie starben. Frauen stehen unter dem biologischen Diktat, dem Chaos viel näher zu sein, einfach weil es bestimmte Episoden im Leben einer Frau gibt, die garantiert grenzauflösend sind. Die Psychologie der weiblichen Sexualität, die die Hinnahme der Penetration beinhaltet, hat ein völlig anderes Verhältnis zu Grenzen als das männliche Bedürfnis, dem Penetrationsdrang nachzukommen.

Wir haben die Verbindung zum Chaos verloren, denn der beherrschende Archetypus unserer Welt, das Ich, fürchtet sich davor. Das Ich verkrampft sich vor dem Chaos, weil es sich über Kontrolle behauptet. Der endlose Modellbildungsprozeß, den das Ich unternimmt, ist das Bestreben, jegliche Unabgeschlossenheit zu bekämpfen. Das Ich will Abgeschlossenheit. Es will eine vollständige Erklärung.

Der Anfang der Weisheit ist in meinen Augen die Fähigkeit, eine gewisse naturnotwendige Schludrigkeit bei der Erklärung der Ereignisse zu ertragen. Nirgendwo steht geschrieben, der menschliche Verstand müßte in der Lage sein, eine volle Begründung der Schöpfung in allen Dimensionen und auf allen Ebenen zu geben. Von Ludwig Wittgenstein stammt der Ausspruch, die Philosophie solle «hinreichend wahr» sein. Ich halte das für einen großen Gedanken. Hinreichend wahr ist so wahr, wie's eben geht. Deshalb bedeutet Imagination auch Chaos. Neue Formen werden diesem Chaos entnommen. Der schöpferische Akt besteht darin, daß wir das Netz der Imagination in den Ozean des Chaos werfen, auf dem wir treiben, und versuchen, Ideen herauszufischen.

Mein Modell für die psychedelische Erfahrung ist die Nachtmeerfahrt, der einsame Fischer auf dem tropischen Meer mit seinen Netzen. Manchmal reißt sich etwas, das du gefangen hast, wieder frei und zerfetzt die Netze, und du ruderst bloß noch an Land und steckst den Kopf unter die Bettdecke und betest. Ein andermal sind es die Kleinigkeiten, die durch die Maschen schlüpfen, die Elritzen in dieser ichthyologischen Metapher für das Ideenfangen. Manchmal bringst du tatsächlich etwas Eßbares nach

Hause, gute Kost für die menschliche Gemeinschaft, so daß wir uns stärken und mit neuer Kraft weitergehen können.

Wir haben nicht viel über Kunst und Ästhetik gesprochen, aber ich glaube, ein einzigartiges Kennzeichen der menschlichen Welt ist der Schönheitsdrang. Das ist ein weiterer Punkt, wo der Platonismus als leuchtendes Vorbild dasteht. Platon meinte, das Gute sei das Wahre und beide seien das Schöne. Vom Standpunkt der modernen Philosophie aus ist das ein sehr absonderlicher Gedanke, aber ich fühle ihn bis ins Mark, wenn ich tatsächlich den Anschluß an den Planeten finde.

Ich glaube, das Chaos kann ein gewaltiger Hort geordneter Schönheit sein. Nach der alten Definition hat das Chaos nichts mit Unordnung zu tun. Chaos als Unordnung ist eine Art Höllenvorstellung, die Hypostasierung der Unordnung schlechthin. Nirgendwo in der räumlich und zeitlich ausgebreiteten Welt findet man so etwas. Statt dessen finden wir eine verschachtelte, fraktale Ordnung nach der andern.

Schließlich ist für mich die Imagination das Ziel der Geschichte. Ich begreife die Kultur als einen Versuch, unsere kollektiven Träume praktisch umzusetzen. Der Prozeß vollzieht sich noch auf einer sehr rohen Ebene, wenn es heißt: Du machst deine Maske, und ich mache meine Maske, und dann tanzen wir zusammen herum. Nicht minder roh ist: Du entwirfst dein Einkaufszentrum, und ich entwerfe mein World Trade Center, und wir stellen sie auf denselben Baugrund. Heute kommen wir durch die Medien, die Psychopharmakologie, virtuelle Realitäten und die Verzahnung von Mensch und Maschine in eine Situation, wo die Imagination etwas ist, das wir mit anderen teilen können. Man wird den Gang des Denkens auf seinen Schlängelpfaden aufzeichnen und abspielen können. Wir werden die Möglichkeit haben, in unserer Vergangenheit zu leben oder Wirklichkeiten als Kunstwerke zu schaffen und auszutauschen. Die Kunst als in der Imagination geführtes Leben ist der große Archetypus, der sich am Ende der Geschichte erhebt.

Die Imagination ist eine Aura, die das transzendente Etwas am Ende der Zeit umgibt. Je mehr wir den Abstand dazu verkürzen, um so mehr gewinnt unsere ganze kulturelle Entfaltung, unser ganzes Selbstverständnis etwas eigentümlich Geplantes. Die Welt wird in einem Umfang geplant wie nie zuvor. Riesige morphogenetische Felder in Form internationaler Architektur- und Stadtplanungsnormen legen sich über ganze Kontinente. Ganze Städte erhalten ein einheitliches Gepräge. Das ist die Übersetzung der Imagination in menschliche Verhältnisse. Es ist, als ob wir einen Gott herabrufen und zur Erde ziehen. Deshalb sprach William Blake von der göttlichen Imagination. Wir sind unterwegs zu dem großen Attraktor, und mit kürzer werdendem Abstand erscheint er immer mehr als ein unendlich facettenreicher Spiegel unserer eigenen Bilder der Schönheit. Es ist eine aufsteigende Lernkurve, die asymptotisch wird, und an dem Punkt stehen wir von Angesicht zu Angesicht vor einem lebendigen Geheimnis, das in jedem einzelnen von uns ist.

Es ist die Imagination, die für einen göttlichen Funken im Menschen spricht. Es ist völliger Irrwitz, die Imagination als etwas begreifen zu wollen, das von der Biologie als notwendige Größe hervorgebracht wird. Sie ist eine Emanation von oben, buchstäblich ein Abstieg der Weltseele in uns alle. Wir sind die Atome der Weltseele, und unseren Kanal zu ihr finden wir, wenn wir die Augen schließen, unseren unmittelbaren personalisierten Ort in Raum und Zeit verschwimmen lassen und uns in die Imagination stürzen, die wie ein endloser Strom durch uns alle fließt, getrieben von dem hydraulischen Druck der Katarakte des Chaos.

Flußmetaphern sind darauf endlos anwendbar. Das Fließen von Kräften durch Landschaften, der Druck des Chaos auf die Imagination, schöpferisch zu werden: Das sind Sinnbilder für die Welt, die werden will. Entscheidend sind Hingabe und die Auflösung der Grenzen, Auflösung des Ich und Vertrauen auf die Liebe der Göttin, die das rationale Verstehen übersteigt. Es wird ein Augenblick kommen, der einen absoluten Sprung in den Glauben fordert, und wir werden einfach glauben müssen, daß uns etwas erwartet, weil das Herrschaftsgebaren des Ich uns keine Wahl gelassen hat.

RALPH: «Katarakte des Chaos» ... sie rollen ihm nur so von der Zunge, was? Und die ist offenbar direkt an die Katarakte des Chaos angeschlossen! Es sind hier so viele verschiedene Ideen, zu denen man etwas sagen müßte. Ich werde versuchen, mich auf ein oder zwei zu beschränken.

Ich möchte gern am Beispiel der Eleusinischen Mysterien darüber spekulieren, was in den Händen des Patriarchats mit den Katarakten des Chaos geschah. Die Historiker gehen im allgemeinen davon aus, daß es eine direkte Linie von Babylon über Ugarit, das minoische Kreta und Mykene nach Athen gibt, eine kulturelle Diffusion einschließlich der Feste, die, wie gesagt, sehr ähnlich sind. Allerdings gab es in dem babylonischen Fest um 2000 v. Chr. bereits eine weitgehende Vormachtstellung des patriarchalen männlichen Ordnungsgottes. Im minoischen Kreta dagegen finden wir, wie die Archäologen und alle, die die verbliebenen Kunstwerke untersucht haben, uns sagen, eine bemerkenswerte, lang anhaltende Blüte der Partnerschaftskultur ohne die Vorherrschaft eines männlichen Gottes. Das macht die Diffusion von Babylon nach Kreta doch etwas fragwürdig.

Es gibt eine ergänzende Theorie, die von einer Erneuerung der Partnerschaftskultur, ausgehend von Indien, in der Frühzeit der kretischen Kultur um 3000 v. Chr. spricht. Jedenfalls ist man sich einig, daß es eine Diffusion von Kreta nach Griechenland gab, und der letzte Rest der kretischen Kultur, das letzte Überbleibsel vom Garten Eden, von dem wir reden, war eine außerordentliche Heiterkeit und Blüte der Schönheit in sämtlichen Lebensaspekten.

Die Eleusinischen Mysterien sollen mit den Mysterien identisch gewesen sein, die auf Kreta öffentlich begangen wurden. Erst nach der patriarchalen Machtübernahme durch die Mykener auf Kreta und der Ausfuhr dieser Doppelkultur nach Griechenland wurden sie geheim. Es fand eine Bifurkation statt, eine Gabelung in Oberwelt und Unterwelt, Bewußtes und Unbewußtes. Die Göttin und die Partnerschaft von Göttern und Göttinnen bestanden in Griechenland fort, aber als ein geheimes Fest, die Mysterien.

Zu den Gepflogenheiten der Feste auf Kreta und in Eleusis gehörten die sexuellen und psychedelischen Riten, die alljährlich in einer starr festgelegten rituellen Form gefeiert wurden. Im Patriarchat mit seiner patrilinearen Erbfolge muß man den Vater der Kinder kennen, nicht bloß die Mutter. Daher ist die Monogamie sehr wichtig, und sie stand in krassem Widerspruch zum kretischen Ritual. Früher oder später mußten die sexuellen Riten also weichen.

Auf irgendeine Weise gehen sexuelle Ausschweifung, psychedelisches Ritual und Chaos Hand in Hand. Das ist eine einfache, von der Forschung nicht bestätigte Erklärung für die Unterdrückung dieser Riten. Die Eleusinischen Mysterien verschwanden, und übriggeblieben ist uns das Paradigma vom kontrollbesessenen Marduk, von Recht und Ordnung, der Verdrängung des Chaos, der Erstickung der Imagination und Phantasie.

Das Neujahrsfest wird heute noch gefeiert, aber seine sexuell-psychedelisch-chaotischen Aspekte wurden vor langem schon abgeschafft und durch einen Bericht vom Sieg des Ordnungsgottes über das Chaos ersetzt.

TERENCE: Meinst du nicht, der Grund liegt darin, daß das Ich grundsätzlich kontrollwütig ist und der Mittelpunkt des Raumes werden muß, in dem es sich bewegt? Ich-Besessene kontrollieren die Frauen und die Ressourcen. Sie glauben, Überwachung sei alles, wie es im Staatsmotto von Albanien heißt: «Die Furcht ist's, die den Weinberg hütet.»

Unsere Kultur stellt sich eindeutig auf einen egozentrischen Herrschaftsstandpunkt. Die Furcht vor der psychedelischen Erfahrung ist ganz konkret die Furcht davor, die Kontrolle zu verlieren. Herrschertypen verstehen nicht, daß es witzlos ist, die Kontrolle zu bewahren, wenn man in Wirklichkeit gar keine Kontrolle hat. In einer Stammesgesellschaft etwa, wo es kein Eigentum gibt, wo es keine festen Schlafplätze gibt, verhält sich jeder nach ... tja, wir können es nur Lust und Laune nennen. Lust und Laune sind ersetzt worden durch mein, dein, mein Platz, dein Platz, mein Essen, dein Essen, was zur Auflösung der psychedelischen Kollektivität führte. Die Welt wird sehr bedrohlich, und wer zuerst kommt, mahlt zuerst. Dann muß man sich auf die Auslegung der Gruppenwerte stützen statt auf das intuitive Gefühl. Das Ich ist die institutionalisierte Paranoia.

RALPH: Ich vermute, es ist ein Paket, was man sich da einhandelt. Man kriegt die Herrschaft, das Patriarchat, das Ich, das wir in unserer Kultur als eine Männerkrankheit begreifen können, in etwa wie Testosteronvergiftung.

TERENCE: Ich begreife es nicht als eine Männerkrankheit. Ich glaube, alle in diesem Raum haben ein viel stärkeres Ich, als sie brauchen. Der bedeutende Beitrag, den Riane Eisler in ihrem Buch *Von der Partnerschaft zur Herrschaft* zu dieser Diskussion geleistet hat, war, daß sie die Terminologie geschlechtlich entspezifiziert hat. Statt über das Patriarchat und das alles zu reden, sollten wir lieber über Herrschafts- und Partnerschaftsgesellschaft reden.

RALPH: Ganz meine Meinung, das ist eine gute Sache, die sie da gemacht hat. Aber das Problem, vor dem wir stehen, ist, wie wir zum Partnerschaftsparadigma zurückfinden.

Ein praktischer Vorschlag wäre etwa dein missionarischer Aufruf zum Gebrauch pychedelischer Drogen. Der Ich-Aspekt des Problems ergab sich nicht nur aus der Unterdrückung des Drogengebrauchs im Ritual, sondern auch aus den immer länger werdenden Abständen zwischen den Festen. Das wäre so etwas wie die Abkühlung des Universums, durch die sich verschiedene materielle Formen kristallisieren. Die Herrschaftsgesellschaft kristallisierte sich heraus durch ein allmähliches Längerwerden der Zeiten zwischen den Partnerschaftsritualen.

TERENCE: Das gehört ganz bestimmt dazu. Das phonetische Alphabet spielt ebenfalls eine Rolle, denn es abstrahiert vom Prozeß und ermöglicht dem Herrscher-Ich alle möglichen merkwürdigen entseelenden Manöver.

RALPH: Wir haben immer noch Mathematik und Musik.

TERENCE: Ja, aber nur die wenigsten haben sie. Und diese wenigen sind die kreativen Motoren ihrer Gesellschaften. Sie halten die Verbindung zur Muse aufrecht.

RALPH: Meinst du, die Eleusinischen Mysterien könnten wieder eingeführt werden? Oder ist diese Möglichkeit unwiderruflich dem «Fortschritt» zum Opfer gefallen?

TERENCE: Ich glaube, die neue psychedelische Bewegung ist ein Versuch, zu etwas in dieser Art zurückzufinden. Wir sind nicht die ersten und auch nicht die bedeutendsten, die einen solchen inneren Umbau des Menschentieres vorschlagen. Denken wir etwa an Arthur Koestler, den antikommunistischen Freiheitskämpfer und naturphilosophischen Schriftsteller. In einem Buch *Das Gespenst in der Maschine* kam er zu dem Schluß, es bedürfe eines pharmakologischen Eingriffs auf breitester Ebene, um das menschliche Verhalten zu ändern. Ihm schwebte eine Droge vor, die das Territorialdenken ausschaltet. Unsere Reflexe und psychischen Strukturen sind bestens darauf abgestellt, Wollmastodonten mit Steinen totzuschmeißen, aber da wir so selten Gelegenheit dazu haben, müssen wir uns auf ein Leben in Frieden und den Umgang mit beschränkten Ressourcen hin umprogrammieren. Die Tatsache, daß Psychedelika grenzauflösend wirken, empfiehlt sie sicherlich als antiterritoriale Drogen.

RALPH: Meinst du, daß einige unserer bestehenden nationalen Feiertage geändert werden könnten oder daß eine mythologische Mutation in dieser Richtung in Gang gesetzt werden könnte?

TERENCE: Etwas in dieser Art, das ich mal im Spaß, mal im Ernst vertreten habe, ist eine Kalenderreform, und den Kalenderentwurf dazu habe ich vor kurzem fertiggestellt. Ich will ihn hier heute abend nicht ganz auswalzen, aber der Grundgedanke ist, daß es ein Mondkalender mit dreizehn Mondzyklen und folglich 384 Tagen ist, er hat also neunzehn Tage mehr als das Sonnenjahr. Das hätte zur Folge, daß die großen Feste des Jahres sich im Kalender langsam durch die Jahreszeiten bewegten. Zum Beispiel: Wenn wir Weihnachten weiterhin am 25. Dezember hätten, so würde man das Fest im Laufe eines Lebens erst im Winter begehen, dann im Frühling, im Sommer, im Herbst, schließlich wieder im Winter und so weiter.

Der Grundgedanke dabei ist, den wirklich schädlichen Herrschaftsgedanken zu überwinden, daß der Kalender fest an den Äquinoktial- und Sonnwendpunkten verankert sein sollte, damit der Aufgang der Sonne zur Tagundnachtgleiche immer zum selben Datum stattfindet. Das erweckt den Eindruck, es gebe Stabilität. Der Kalender ist der größte Orientierungsrahmen, den es gibt, alle anderen Kontexte sind darin Untermengen. Der Sonnenkalender ist ein Versuch, durch die Einprägung einer falschen Vorstellung von Permanenz die Sterblichkeit des Menschen zu leugnen. Was wir wollen, ist ein Kalender, der uns sagt: Alles ist im Fluß, alles wandelt sich, alle Verhältnisse bewegen sich auf alle anderen zu. Das ist ein wirklichkeitsgetreueres Bild der Welt. Das mag trivial erscheinen und als ein Paradebeispiel für die Harmlosigkeit von uns Eierköpfen. Aber denkt mal drüber nach.

Wenn wir den Aufbau des Kalenders der Herrschaftskultur überlassen und uns von ihr sagen lassen, was für einen Kalender wir haben sollen, dann werden wir alle im Kontext des Herrschaftsgefüges leben. Eine Veränderung des Kalenders hätte gewaltige Konsequenzen, und die herrschende Kultur würde ihr erst dann entgegentreten, wenn es schon zu spät wäre. Man würde es als eine Spinnerei auffassen und nicht merken, daß wir an den Knöpfen drehen, die das Bild unserer ganzen Zivilisation von Zeit und Wandel einstellen.

Das Jahr 2000 bietet sich als eine Gelegenheit an, den Zug auf ein neues Gleis umzulenken, weil zu solchen Jahrtausendwenden im Massenbewußtsein eine gewisse Unsicherheit darüber besteht, wie es weitergehen soll. Wenn man dann einfach auf die Bühne springt und sagt: «Da geht's lang, Leute!», könnte man es unter Umständen durchbringen.

RUPERT: Als erstes fällt mir dazu ein, daß dein Gedanke eines Mondkalenders, in dem die Monate und Festtage im Jahreskreislauf kreisen, bereits verwirklicht ist. Es ist der Kalender des islamischen Welt. So wandert etwa der Ramadan, der Fastenmonat, rückwärts durch das Jahr, so daß die Leute ihn im Laufe ihres Lebens im Winter wie im Sommer erleben. Das ist nicht gerade eine Bestätigung deiner Theorie, ein solcher Kalender würde die Herrschaftsstruktur durchbrechen.

TERENCE: Dein Einwand ist höchst, ähem ... unwillkommen.

RUPERT: Der Begriff Chaos irritiert mich immer noch. Seine Bedeutung verschiebt sich laufend. Am Anfang, sagen wir, hatte «Chaos» keinen negativen Beiklang, es bedeutete nur die gähnende Leere. Eigentlich war es, wie Ralph erklärt hat, der Himmel. Dann ist es der große Mutterschoß, der Urquell aller Dinge. Darauf verwandelt es sich in diese Tiamat, die von Marduk getötet wird. Im ersten Kapitel des Buches Genesis ist es die «Tiefe» oder «Urflut». «Der Geist Gottes schwebte auf dem Wasser» hört sich für mich wie eine Wellentheorie der Schöpfung an, etwa so, daß der Wind auf dem Wasser Wellen wirft. Eine Sache ist klar, nämlich daß das Chaos weiblich ist und daß die Entstehung aus dem Chaos wie die Entstehung aus dem Mutterschoß ist, ein Heraustreten aus der Finsternis: Eine allumfassende Keimanlage entfaltet sich.

Eine der Metaphern, die Terence für die Imagination gebrauchte, war, Netze in den Ozean der Tiefe auszuwerfen und Quastenflosser der Imagination heraufzuziehen. Das stimmt mit der von den Jungianern benutzten Metaphorik überein, wonach das Unbewußte von unten emporwallt, und es paßt auch zu der Vorstellung, daß die Kreativität aus der Dunkelheit der Erde aufsteigt. Wieder ist das ein Modell, das im Buch Genesis vorkommt. Im biblischen Schöpfungsbericht erschafft Gott die Tiere und Pflanzen nicht. Gott sagt dort: «Es lasse die Erde aufgehen Gras und Kraut, das Samen bringe, und fruchtbare Bäume auf Erden, die ein jeder nach seiner Art Früchte tragen, in denen ihr Same ist.» (1. Mose 11) Und dann: «Die Erde bringe hervor lebendiges

Getier, ein jedes nach seiner Art.» (1. Mose 24) Die Erde bringt sie aus sich hervor.

Dann gebrauchte Terence auch die Metapher der von oben herabsinkenden Imagination, was ein traditionelles platonisches oder neuplatonisches Bild ist. In diesem Modell kommt die Kreativität von oben und wird dabei in einer Folge von Stufen immer gegenständlicher. Damit hätten wir zwei Modelle der Kreativität: Herabsinken und Aufsteigen. Die meisten Theorien der Kreativität, die mir unterkommen, schwanken unschlüssig zwischen diesen beiden Modellen hin und her. Ich versuche den Konflikt gewöhnlich mit der Bemerkung zu lösen, sie müsse eine Mischung aus beiden sein.

In der christlichen Theologie erscheinen diese beiden Modelle als Aufstieg und Abstieg Christi. In den ersten drei Evangelien sieht das Modell so aus, daß Jesus Christus als Kind geboren und von Johannes dem Täufer eingeweiht wird, wobei er mit der Taufe eine neue geistige Erleuchtung erlebt. Er macht eine Entwicklung und eine geistige Wandlung durch und wird Gott. Die Gottwerdung eines Menschen ist ein aufsteigender Entwicklungsprozeß, von unten nach oben. Im Johannesevangelium haben wir dann das platonische Modell der Fleischwerdung des Wortes, der Menschwerdung Gottes, das Modell der von oben nach unten sinkenden Kreativität. Diese Modelle haben in der christlichen Theologie stets in dialektischer Spannung nebeneinander bestanden.

In den meisten Auseinandersetzungen über Kreativität gerät man in die gleiche Polarität. Das Chaos wird von Ralph einerseits als ein zügelloser, unbestimmter Prozeß begriffen, der uns in gewissem Sinn von älteren Modellen der Kontrolle und des mechanistischen Determinismus befreit. Andererseits macht er sich auch das absteigende Modell zu eigen, weil er gern die Ableitung des Chaos aus einfachen mathematischen Prinzipien hätte. So bliebe uns immer noch der Versuch, das Chaos anhand des Modells «von oben nach unten» zu zähmen. Auch wenn die mathematischen Modelle des Chaos nicht unbedingt dem Herrschaftsmuster folgen, sind sie, glaube ich, doch immer noch in dem Archetypus von St. Georg und dem Drachen befangen. Tatsächlich hat St. Georg den Drachen gar nicht getötet. Er hat den Drachen durchbohrt, gezähmt und gefangen in die Stadt gebracht. Der Drache in diesem Mythos ist offensichtlich eine andere Form des urtümlichen Chaosungeheuers.

Sind die Metaphern bloß alternative Modelle, die man abwechselnd benutzen kann, so wie man Gleise wechselt? Sind sie Aspekte desselben Prozesses, oder sind sie komplementäre Prozesse?

TERENCE: Ich denke, es sind verschiedene Bilder für denselben Prozeß. Wie im Bild des Davidsterns als Durchdringung zweier Dreiecke veranschaulichen sie den Gedanken «wie oben, so auch unten». Wir verstehen ihn solange nicht, als wir nicht irgendwie beide Bilder gleichzeitig gelten lassen können. Eine wesentliche Prämisse ist meines Erachtens, daß man im Gespräch über diese Dinge keine Abgeschlossenheit erzwingen kann. Das ist alchemistisches Denken, insofern als es sich um mehrdimensionale Dinge handelt, die einander anscheinend widersprechende Beschreibungen dulden. Es sind zusammengesetzte, komplexe Konzepte, die diese Überlagerung brauchen, um richtig mitgeteilt oder verstanden werden zu können.

RALPH: Wie oben, so auch unten. Das ist gut. In der Geschichte des Chaosgedankens, wie ich sie beschrieben habe, haben wir den Synkretismus des Hesiodschen Chaos als Milchstraße, als gähnende himmlische Leere, und der babylonischen Tiamatvorstellung vom Chaos als einem Drachen oder einer Seeschlange. Es gibt in der babylonischen Kunst zahlreiche Bilder dieser Seeschlange mit einem Halfter und Marduk auf dem Rücken, wie er die Zügel in der Hand hält und sie vorwärtstreibt. Marduk hat die Seeschlange bezwungen. Aus irgendeinem Grund war es in der Geschichte der Mythologie an diesem Punkt nötig, daß eine Himmelsgestalt der Erdgestalt überlagert wurde. Es gibt viele Götter und Göttinnen im Pantheon, und häufig sind sie verschiedene Aspekte desselben Wesens. Rupert hat mich einmal in Santa Cruz in eine Kirche geführt und mir einen Schrein Unserer Lieben Frau, der Jungfrau von Guadalupe, gezeigt mit einem Bild von ihr als schwarze Göttin, als chthonische Erdmutter. Dabei trägt sie ein Kleid, das mit Sternen übersät ist.

Erinnern wir uns noch einmal an das Modell vom Osterkorb. Der Himmel als sichtbare Hemisphäre endet am Horizont, wo die Erde anfängt. Die Verbindung zwischen Himmel und Erde ist die Milchstraße, der Henkel des Korbes. Er ist der Königsweg der Götter, auf dem zum Beispiel Orpheus in die Unterwelt hinabgeht, um Eurydike zu suchen. An der Verbindungsstelle der Dualität von Himmel und Erde, dort, wo der Henkel des Korbes an das Flechtwerk schließt, trifft das mathematische Modell auf das Unbewußte Gaias. Dort trifft die mathematische Version des Chaos auf das Chaos des täglichen Lebens und entspinnt sich die erotische und synergetische Beziehung zwischen der irdischen und der himmlischen Chaosversion.

TERENCE: Ich wollte noch sagen, ich stimme mit Ralph darin überein, daß Eleusis ein großer Wendepunkt und eine bei weitem nicht ausdiskutierte kulturelle Episode war. Nach Tausenden und Abertausenden von Jahren wurde die orgiastische, psychedelische Religion der Göttin schließlich auf ein paar Heiligtümer in Griechenland und auf Kreta eingegrenzt. Zuletzt nur noch auf ein paar Heiligtümer in Griechenland. Dort siechte sie hin, bis der Westgote Alarich ihr schließlich den Garaus machte. Die grenzauflösende Beziehung zum vegetativen Geist Gaias liegt in unserer Tradition erst 1700 Jahre zurück. Aber in diesen 1700 Jahren, in denen kein Dialog mit Gaia als Gestalt des Chaos geführt wurde, entwickelten sich diese immer tödlicher werdenden Kulturformen, angefangen mit dem phonetischen Alphabet und weiter zu beweglichen Lettern und allem übrigen. Jede dieser Techniken hat immense negative Auswirkungen auf unsere Vorstellung von uns selbst gehabt und uns immer tiefer in einen faustischen Pakt mit der physischen Welt verstrickt. Es ist diese Blindheit, die uns in die heutige Situation gebracht hat. Angesichts des Fehlens einer grenzauflösenden Ekstase bleiben uns nur die Machenschaften des Ich, die sehr rasch in eine kulturelle Sackgasse führen, aus der es vielleicht keinen Ausweg gibt.

Wenn wir uns genau anschauen, wo unsere Kultur in die falsche Richtung ging und was dabei verraten wurde, was nach oben gelangte und was unterdrückt wurde, können wir vielleicht den Film zurückspulen und die vorherige Situation in gewisser Hinsicht wiederherstellen. Dazu gehört, daß wir unser Leben dem Chaos öffnen und viel mehr auf den Willen der Weltseele hören. Wir müssen das griechische Schicksalsgefühl wiedergewinnen, das in unserer Vorstellung von dem faustischen Kontroll- und Herrschaftswahn ersetzt worden ist.

RALPH: Die frohe Botschaft ist, daß diese Öffnung gegenüber dem Chaos tatsächlich im Gange ist. Die derzeit in sämtlichen Naturwissenschaften stattfindende Chaosrevolution ist ein herber Rückschlag für die Kräfte von Recht und Ordnung, Kontrolle und Herrschaft. Denn die Wissenschaftler, die Hohenpriester des Marduk, müssen jetzt das Chaos anerkennen und Tiamat wieder auf ihren rechtmäßigen Thron setzen. Deshalb sage ich, das Chaos ist die größte Entdeckung seit dem Rad. Imagination, Kreativität und Inspiration sind alle im Aufschwung. Chaos, Gaia, Eros, erhebt euch!

Indem wir den Leuten eine nicht so beschränkte Palette von Suchtmöglichkeiten vorsetzen, können wir zu einem Wachstum des Bewußtseins und einem Schrumpfen des Unbewußten beitragen. Ich glaube, es ist nicht nötig, das ganze Unbewußte bewußtzumachen. Wenn es uns auch nicht gelingt, diese Bifurkation, als der Vorhang in der Seele fiel, rückgängig zu machen, können wir doch wenigstens die Einrichtung unseres Dampfers ein bißchen umstellen. *Ralph Abraham*

Es scheint, als wäre der Kegel unserer Aufmerksamkeit oder Bewußtheit recht klein. Typisch für den Sinnesapparat in der gesamten Tierwelt ist die Wahrnehmung von *Unterschieden* - im Geruch, in der Temperatur, im Druck oder der Textur. Es ist, als erfolge die Sinneswahrnehmung auf der Oberfläche eines weitgehend unbewußten Systems. Auf der schillernden Oberfläche bemerken wir Unterschiede, aber unter der Oberfläche ist Gewöhnung und unbewußter Trott. Das ist es, was wir im Herzen aller lebendigen Systeme finden.
Rupert Sheldrake

Zur Wiederaneignung des Unbewußten muß man seine Aufmerksamkeit auf das Verstehen der Zeit richten. Die Zeit ist anscheinend der Leib des Unbewußten. *Terence McKenna*

4. *Das Unbewußte*

Ralph: Ich möchte mit drei großen Bifurkationen in der Geschichte des Bewußtseins beginnen. Die erste ist hypothetisch: Das Unbewußte wurde eines schönen Nachmittags durch eine Bifurkation im kollektiven Geist erschaffen. Zu diesem Zeitpunkt fiel ein Vorhang, der das Bewußte für alle Zeit vom Unbewußten trennte, gleichsam ein eiserner Vorhang im Gattungsgeist. Die zweite große Bifurkation in der Geschichte des Bewußtseins ist der Sündenfall im Garten Eden, der zum Ursprung des Bösen wurde. Die dritte große Bifurkation ist die Niederlage, die die Götter von Recht und Ordnung dem Chaosdrachen beibrachten.

Wir könnten jetzt spekulieren, daß in prähistorischer Zeit das Bewußtsein aus dem Unbewußten hervorging, oder anders herum, daß das Unbewußte aus dem Bewußtsein hervorging, oder noch anders, daß beide von jeher da waren und es niemals eine Teilung gegeben hat. Im Interesse der Diskussion entscheide ich mich für die zweite Möglichkeit: daß das Bewußtsein von jeher da war und daß das Unbewußte durch eine spätere Bifurkation entstand, als prähistorische Folge eines natürlichen Entwicklungsgesetzes.

Nach dieser Spekulation wurden aufgrund von Eigentümlichkeiten in der Evolution des Bewußtseins immer mehr Wahrnehmungen im Kontext von Kultur und Zivilisation und der bestehenden Weltanschauung für gesetzwidrig erklärt. Je mehr im Laufe der Zeit Dinge oberhalb des Vorhangs nach unten gezwungen werden, um so mehr wächst das Unbewußte, während das Bewußtsein entsprechend schrumpft. In dieser anhaltenden Entwicklungs- und Wachstumsbewegung des Unbewußten gibt es weitere Bifurkationen, und nach und nach bildet sich die ganze Einrichtung des Unterdecks unseres Bewußtseins, darunter Träume und archetypische Symbole.

Ein Vorzug dieser Theorie ist, daß wir mit ihr sehen können, wie sich unser individuelles Bewußtsein aus einem allgemeinen Bewußtsein entwickelt. Wir können dann vom Bewußtsein von Tieren, von Pflanzen, von Mutter Erde und Vater Himmel, der Kernfamilie des Alls, sprechen.

Unsere zweite Bifurkation betrifft die Entstehung des Bösen, die Vertreibung von Adam und Eva aus dem Garten Eden, den Fall Luzifers und die Ausstattung des Negativen mit Macht. Jede Menge Dichotomien treten durch einen Prozeß der Mitose aus der Einheit hervor, oder durch Bifurkation in der Welt der Ideen. Wir könnten versuchen, diese Ereignisse zeitlich oder räumlich oder als Wellen oder als ein holistisches raumzeitliches Muster zueinander in Beziehung zu setzen.

Nummer drei ist die Bifurkation von Chaos und Ordnung im Kosmos. Diese Horrorgeschichte wurde, wie schon

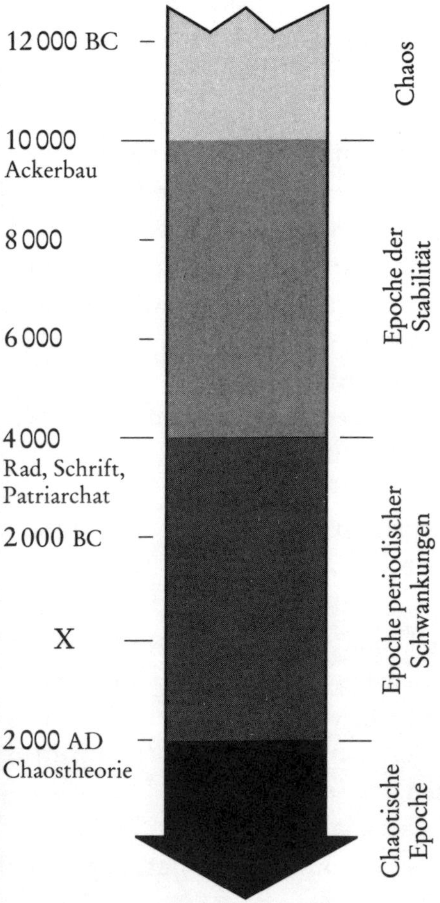

Abbildung 4. Die drei großen Bifurkationen der Kulturgeschichte.

erwähnt, während des babylonischen Neujahrsfestes rituell aufgeführt, wobei der König die Rolle Marduks spielte, der Tiamat, die Drachengöttin des Chaos, mit einem Schwert entzweihaut. Sie klafft auf wie eine Muschel und bildet den Himmel und die Erde.

Diese drei Bifurkationen hängen folgendermaßen zusammen: Als der Mythos von Marduk die Oberhand gewann, bekam das Schlangenbild eine negative Besetzung. Die Schlange ist ein zentrales Symbol von Mutter Erde. Das Bewußtsein Gaias wurde nach und nach mit dem Hades assoziiert: mit Unterwelt, Tod, dem Bösen, Pluton und so weiter. Die Verdrängung des Chaos verstärkte die Bifurkation im Bewußtsein, die uns das Unbewußte beschert hatte, und dieses hat seither ständig dazugewonnen. So gerät die Menschheit immer weiter in die bösen, dämonischen, evolutionär unfruchtbaren Gesellschaftsformen hinein.

Das ist die Chaostheorie der seelischen Bifurkationen oder der Entstehung des Unbewußten.

RUPERT: Das heißt, du sprichst dich für eine Sündenfalltheorie des Unbewußten aus.

RALPH: Ich stelle sie zur Debatte. Ich probiere sie aus. Sie ist eine Hypothese, der wir, wenn wir sie akzeptieren, auch zu entkommen suchen könnten. Wir hätten einen Mechanismus, ihr zu entkommen, weil wir einen historischen Aufriß der Schöpfung selbst hätten.

RUPERT: Wie würde dieses Entkommen vonstatten gehen?

RALPH: Wir könnten versuchen, das Unbewußte wieder ins

Bewußtsein einzubringen. Wir würden die Einrichtung aus dem Unterdeck des Schiffes wieder nach oben aufs Hauptdeck schaffen, wo sie hingehört. In der Chaostheorie, dem gegenwärtigen Paradigmenwechsel, muß die Wissenschaft, die derzeit der Haupttempel von Recht und Ordnung ist, Abbitte leisten, das Chaos wieder anerkennen. Genau das geschieht zur Zeit anscheinend mehr oder weniger zufällig. Aber angenommen, wir hätten dieses Gespräch im Jahre 1960 geführt und beschlossen, unsere Kräfte dafür einzusetzen, daß Tiamat wieder auf ihren Thron kommt. Wir hätten uns unter den Computertypen umgetan, wir hätten einen obskuren Chaospionier wie Ueda und Lorenz aufgestöbert, und wir hätten sein Modell unters Volks gebracht, hätten 1963 zielstrebig die Wissenschaften revolutioniert, statt darauf zu warten, daß es 1973 von selbst passiert.

Ich will keinem geplanten Eingreifen das Wort reden. Ich sage nur, einige dieser Dinge ins Bewußtsein zu heben, hätte große Auswirkungen auf künftige Generationen. Diese Diskussion allein könnte schon ausreichen, um etwas aus dem Keller wieder heraufzuholen, um es wieder bewußtzumachen und so irgendwo eine neue Aufwärtsspirale in der Evolution des Geistes in Gang zu setzen.

TERENCE: Was hat deiner Meinung nach diese Bifurkationen, von denen du vorhin gesprochen hast, verursacht?

RALPH: Ich weiß es nicht. In der historischen Zeit haben wir diesen gräßlichen babylonischen Schöpfungsmythos, einen Mythos als Textvorlage eines Rituals. Dieser Mythos hatte einen sumerischen Vorläufer. In den frühen Phasen der städtischen Revolution wuchsen die Siedlungen um verschiedene Götter und Göttinnen zusammen. Die Gestalt der Göttin oder des Gottes vergegenständlichte sich in der Gestalt der Stadt. Das war der Ursprung der heiligen Stadt. In dem gesamten Komplex aus Bevölkerungsbewegung, urbaner Technik, Stadtanlage, Religion und Ritual war daher eine Morphogenese wirksam. Die Bilder des erfolgreichen Gottes oder der erfolgreichen Göttin wirkten als Attraktoren und ließen Städte entstehen, die mit anderen Städten in Resonanz traten, und aus diesem Synkretismus erwuchsen Reiche.

Es gibt Bücher über die Schlange, über das Drachenbild in der Mythologie. Viele Kulturen haben Drachenbilder, und sie hängen alle mit dem Chaos und mit der Göttin zusammen und sind ursprünglich positiv. Dann plötzlich haben wir den drachentötenden St. Georg, wir haben den Erzengel Michael mit seinem Fuß auf dem Hals des Drachen, wir haben diese ganze Energie, die in Babylon, in Kanaan, in der keltischen Mythologie, im Christentum, in der Wissenschaft aufs Drachentöten verwandt wird. Ich halte es für möglich, daß diese besondere Bifurkation mit der patrilinearen Forderung zu tun hat, daß man wissen muß, wer der Vater der Kinder ist, und mit der Ablehnung des dionysischen Rituals, in dem sexuelle Ausschweifungen ein wichtiger Bestandteil waren. Zur patrilinearen Struktur gehörte die Schaffung der Kleinfamilie, die zur Verstoßung der Göttin, des Drachens und des Chaos führte. Ich meine, es wäre wichtig, diese Verdrängung rückgängig zu machen und St. Georg und den Drachen in einer Maifeier auszusöhnen, in der dionysische Elemente zugelassen wären.

TERENCE: Die Unterdrückung der Psychedelika geschieht

in derselben Phase, weil Orgien im Geiste psychedelischer religiöser Feiern dieses Bestreben, die Vaterschaft festzustellen, völlig zunichte machten.

RALPH: Die Abkehr von Psychedelika und vom Schamanismus könnte ebenfalls mit diesen drei Bifurkationsvorgängen verknüpft sein. Nur sogenannte «primitive» Gesellschaften haben Schamanen und regelmäßige psychedelische Rituale. Ihr Überleben in globalen Randgruppen gleicht unseren verkümmerten Schwanzwirbeln. Sie sind Überlebende des Falles, durch den wir diesen ganzen Vorstellungskomplex verloren haben und unter dem wir seit Jahrtausenden leiden.

TERENCE: Der Wechsel von der Psychologie eines Psilocybin-Pilzkultes zur Psychologie eines rauschhaften Metkultes zum Beispiel würde in der zwischenmenschlichen Dynamik genau den Unterschied zeitigen, der für eine Gruppe den Übergang von partnerschaftlichen zu patriarchalen Beziehungen bedeutet. Ich glaube, im Laufe der Zeit gerieten die Pilzesser in der archaischen Sahara durch das Knappwerden der Pilze und die gleichzeitige Entdeckung, daß Honig der geeignete Konservierungsstoff für Pilze ist, unabsichtlich in einen Metkult hinein. Das Bestreben, Pilze in Honig zu konservieren und ihren Verzehr auf gelegentliche große Feste zu konzentrieren, brachte irgendwann die Metfeste auf, bei denen Pilze nur noch ein Geschmacksstoff im Met waren und zuletzt nicht mehr als eine dunkle Erinnerung.

RALPH: Erst der Met, dann das Patriarchat?

TERENCE: Das Patriarchat und der Met kamen zusammen

auf, gemeinsam mit der Feststellung der Vaterschaft und der Unterdrückung der Orgien. Die wesentliche Entscheidung fiel zwischen Lebensfreude einerseits und voller Kenntnis vom Gang der eigenen Gene andererseits. Sobald die Vaterschaft eine wichtige Frage wird, tritt auch die Vorstellung «Ich und mein» auf den Plan: «meine Frauen», »meine Kinder», «mein Essen», «meine Waffen», «mein Land». Das ist die Haltung, die von der orgiastischen, psychedelischen, grenzauflösenden Pilzreligion niedergehalten wurde.

RALPH: Das wäre eine Alternative zu der Theorie, daß das Patriarchat die Folge einer Welle eindringender Kurganleute war.

TERENCE: Es dürfte ganz organisch gegangen sein. Am Anfang gibt es einen regen Pilzkult auf den Ebenen Afrikas, und dann kommt die allmähliche Austrocknung, durch die der Pilz nur noch zu bestimmten Jahreszeiten auftritt. Es gibt wunderbare riesige jahreszeitliche Feiern, und die Psychologie der Gruppe bleibt grundsätzlich intakt. Wenn dann die Austrocknung fortschreitet und die Abstände zwischen den Wasserlöchern zunehmen, wird die Notwendigkeit dringend, das Sakrament zu bewahren und es immer dünner zu verbreiten. So schwinden die psychedelischen Mysterien langsam aus dem Siedlungsgebiet der sie benutzenden Kultur, und ein teilweise genügender Ersatz tritt an ihre Stelle.

RALPH: Alkohol.

TERENCE: Sie gingen von einem ekstatischen und orgiastischen Kult der Göttin zu einem Saufgelage von Kriegern und Huren über.

RALPH: Also eine Zweiphasentherorie. Die psychedelische Partnerschaft und die alkoholische Herrschaftsphase. Drogeninduzierte Phasenübergänge wiederholen sich in der Geschichte des Bewußtseins in einem endlosen Flipflop. Es gibt dafür auch historische Anhaltspunkte auf Kreta, wo wir noch in historischer Zeit das Verkommen der dionysischen Rituale zu Alkoholgelagen beobachten können.

TERENCE: Das kam, als Dionysos zu Bakchos wurde. Der frühe Bakchos ist eine schreckenerregende Gestalt, dessen Anhänger in dermaßen ekstatische Rasereien verfielen, daß man sie bezichtigte, ihre eigenen Kinder zu fressen. Der späte wollüstige Bakchos mit den behaarten Füßen ist einfach ein anschauliches Sinnbild des alkoholischen Bewußtseins.

RALPH: Orpheus war ein Erneuerer, der die dionysische Religion wieder auf das psychedelische Gleis bringen wollte, weg vom Alkohol. Diese Erneuerungsbewegung wiederholte sich mit Pythagoras, dann mit Buddha und anderen.

Aber nehmen wir diese Zweiphasentheorie doch einmal ernst! Wenn uns eine Phase lieber wäre als die andere, dann würden wir nach dem Mechanismus des Phasenübergangs suchen, wie wenn man die Hitze unter dem Wasser hochstellt und es kocht. Wir würden versuchen, die Psychedelika wieder aufs Tapet zu bringen und den Alkohol zum Teufel zu jagen. Andererseits ist genau deshalb Alkohol legal und

Marihuana nicht. Das ist eine konservative Maßnahme, die die Alkoholphase zementieren soll.

TERENCE: Weil der Alkohol die männliche Vorherrschaft stützt. Wenn wir einmal analysieren, was Alkohol pharmakologisch macht, dann stellen wir fest, daß er im Grunde das Empfinden dafür, was gesellschaftlich am Platz ist und was nicht, herabsetzt. Das ist vornehm ausgedrückt für: Man wird ein Ekel und ein Trampel mit Libidoüberdruck. Das normale soziale Urteilsvermögen ist beeinträchtigt, und man ist darauf aus, eine sexuelle Eroberung zu machen. Die meisten Sexualneurosen der westlichen Zivilisation lassen sich auf frühe, sexuell prägende Erlebnisse im Zusammenhang mit Alkohol zurückführen. Alkohol ist mit dem Schrecken und der Anziehung, die die sexuelle Erfahrung gleichzeitig für uns hat, dermaßen verwoben, daß er zu einem unsichtbaren Teil unseres kulturellen Erbes geworden ist.

Die Frage ist, in welcher Weise unsere Beziehungen zur materiellen Welt, vor allem Drogen, den Ausdruck dessen, was wir das Unbewußte nennen, fördern oder bremsen. Eine Sache, die uns alle am Drogenmißbrauch abstößt, ist, daß er ein bewußtloses, nicht hinterfragtes Verhalten ist. Wir können auf Heroin oder Fernsehen süchtig werden und 90 Prozent unseres Lebens ein Schneckenhausdasein im Unbewußten führen.

RALPH: Ich habe den Eindruck, daß ich nicht völlig suchtfrei werden kann. Aber ich muß nicht süchtig auf Alkohol sein. Ich kann eine Sucht durch eine andere ersetzen. Ich kann tatsächlich wählen, mich frei für dieses oder jenes entscheiden, ohne die Sucht als solche abzulehnen.

TERENCE: So sind wir nun mal. Die Sucht aller Süchte, die diese Gier ursprünglich auslöste, ist überhaupt keine Sucht, sondern vielmehr unser natürlicher Anschluß an die Hierarchie der Gaia-Information, zu der wir Zugang hatten, als die Naturreligionen noch frei praktiziert wurden. Ein Sakrament ist kein Symbol, und an dem Tag, als die Leute sich die Auffassung andrehen ließen, ein Sakrament *sei* ein Symbol, wurde die Nabelschnur zum Logos zertrennt und die Geschichte aus dem Gleis geworfen.

RALPH: Indem wir den Leuten eine nicht so beschränkte Palette von Suchtmöglichkeiten vorsetzen, können wir zu einem Wachstum des Bewußtseins und einem Schrumpfen des Unbewußten beitragen. Ich glaube, es ist nicht nötig, das ganze Unbewußte bewußtzumachen. Wenn es uns auch nicht gelingt, diese Bifurkation, als der Vorhang in der Seele fiel, rückgängig zu machen, können wir doch wenigstens die Einrichtung unseres Dampfers ein bißchen umstellen. Was läßt sich außer der Zurückdrängung des Alkoholismus noch machen, um das Bewußtsein zu erweitern, geistige Teleskope zum Einblick ins Unbewußte zu entwickeln und unsere Weisheit wiederzuerlangen?

RUPERT: Eine Möglichkeit wäre die Legalisierung von psychedelischen Drogen ab bestimmten Lebensaltern, wie es beim Alkohol ja schon gehandhabt wird. Vor dem achtzehnten Lebensjahr ist es in Großbritannien illegal, Alkohol zu kaufen und zu trinken. Mit achtzehn ist es okay. Vor dem sechzehnten Lebensjahr ist es illegal, Tabak zu kaufen und zu rauchen. Mit sechzehn ist es okay. Wie wäre es etwa mit der folgenden neuen Gesetzgebung? Vor dem dreißigsten Lebensjahr ist es illegal, psychedelische Pilze zu kaufen und zu essen. Mit dreißig ist es okay. Vor dem vierzigsten Lebensjahr ist es illegal, sagen wir, LSD zu kaufen und zu schlukken. Mit vierzig ist es okay. Mit fünfzig DMT und so weiter. Es gibt nach Lebensaltern gestaffelte Legalisierungen mit Initiationscharakter. Ob du nach Erreichen des vorgeschriebenen Alters den Stoff legal kaufen darfst, hängt davon ab, ob du darin eingeweiht wurdest. Du mußt ein Initiationsritual mitmachen, das an Wochenenden an Orten wie etwa Esalen oder der Hollyhock Farm in British Columbia abgehalten wird. Durch die altersabhängigen Initiationen werden dir stufenweise andere Erfahrungsbereiche erschlossen.

Aber, Ralph, ich glaube, das Problem ist nicht, daß das Unbewußte das Ergebnis einer Verschwörung oder eines Falles ist, sondern daß die Natur so verfährt, daß sie Gewohnheiten bildet. Wie wir aus eigener Erfahrung wissen, gehört zur Gewohnheitsbildung, daß die Gewohnheiten unbewußt werden. Wir erleben Gewöhnung beispielsweise, wenn wir in ein Zimmer mit einem komischen Geruch kommen. Nach einer Weile merken wir den Geruch nicht mehr. Das gleiche gilt für Hintergrundgeräusche. Wir haben mit der gesamten Tierwelt, bis hinunter zur Stufe einzelliger Organismen, diese Tendenz gemeinsam, gegen die meisten der auf uns einwirkenden Umweltreize abzustumpfen.

Es scheint, als wäre der Kegel unserer Aufmerksamkeit oder Bewußtheit recht klein. Typisch für den Sinnesapparat in der gesamten Tierwelt ist die Wahrnehmung von *Unterschieden* – im Geruch, in der Temperatur, im Druck oder der Textur. Es ist, als erfolge die Sinneswahrnehmung auf der Oberfläche eines weitgehend unbewußten Systems. Auf der schillernden Oberfläche bemerken wir Unterschiede, aber unter der Oberfläche ist Gewöhnung und unbewußter Trott. Das ist es, was wir im Herzen aller lebendigen Systeme finden.

Ich glaube nicht, daß es eine finstere Verschwörung des Unbewußten gibt. Vielleicht, daß es früher ein schärferes Bewußtsein von der Schnittstelle zwischen bewußt und unbewußt gab, entwickelt durch mystische Erlebnisse, psychedelische Visionen und schamanische Reisen, welche Erfahrungsbereiche aufschlossen, die uns normalerweise nicht zugänglich sind. Wir können andere Erfahrungsbereiche durch rituelle Bräuche ins Bewußtsein heben, etwa im Jahreskreis der Feste in allen Religionen. Durch rituelle Bräuche, wie man sie fast überall noch findet, selbst im Westen in Form der jüdischen Feste und des katholischen Heiligenkalenders oder größerer Feste wie Ostern und Weihnachten, können andere Dimensionen wahrnehmbar gemacht werden.

Es kann uns nicht jederzeit alles bewußt sein. Wir haben einen begrenzten Aufmerksamkeitskegel.

TERENCE: Willst du damit sagen, daß ein Kalender ein Motor zur Erhellung des Unbewußten sein kann?

RUPERT: Ja.

RALPH: Ich glaube, die Theorie der Gewöhnung ist ein gutes Modell. Danach sind die geistig-seelischen Vorgänge weitgehend unbewußt, während das Bewußtsein ein kleines Fenster ist, das durch ein Ritual oder durch eine Willensentscheidung auf einen bestimmten Teil des Unbewußten Licht werfen und diesen für einen Tag bewußtmachen kann. Das

Unbewußte, von dem ich vorher gesprochen habe, ist eine Region des Ganzen, deren Inhalte unerreichbar geworden sind, weil sie zu einem bestimmten historischen Zeitpunkt für gesetzwidrig erklärt wurde. Es ist nicht mehr möglich, das Fenster darüber zu legen.

RUPERT: Vielleicht ist seine Zeit noch nicht gekommen. Das orgiastische Prinzip hat seine Zeit gehabt und hat sie im indischen Holifest immer noch, wo alle Welt Haschisch raucht, sich mit Farbbeuteln beschmeißt, priapische Umzüge machte und die Gesellschaftsordnung auf den Kopf stellt. Ähnliches geschieht in der katholischen Welt im Karneval oder Mardi Gras, allerdings nicht in den protestantischen Ländern, denn diese Feste wurden von der Reformation unterdrückt. Die Zeit des Chaos ist im Westen vorbei, die der Großen Mutter genauso.

RALPH: Indem wir die Aufmerksamkeit durch besondere Tage und Rituale konzentrieren, können wir etwas für die Pflege des Bewußtseins tun, so wie wir etwas für die Gartenpflege tun. Andererseits ist das mit der Wichtigkeit von Feiertagen gut und schön, aber irgendwas ist immer noch schief. Jahr für Jahr wiederholt sich Weihnachten, und dennoch haben die Leute seine archetypische Bedeutung völlig vergessen, auch mit dem ganzen Engelsstaat auf dem Weihnachtsbaum und dergleichen.

RUPERT: Die archetypische Freude an Weihnachten wird von kleinen Kindern erlebt, die am Weihnachtsmorgen aufwachen und die Sterne und die Engel und die Geschenke sehen, mit glitzerndem Rauhreif und frischem Schnee im Hintergrund. Bei ihnen wirkt der Zauber des Weihnachtsfestes. Es ist immerhin ein Kinderfest, die Geburt des heiligen Kindes. Das ist der Pol, den es in uns anrührt: das heilige Kind. Ich denke, es trägt immer noch dazu bei, in vielen Menschen den Pulsschlag des heiligen Jahres wachzuhalten, wenn auch noch so schleppend.

RALPH: Das heißt, was fehlt, ist das Ritual, das kalendarische Ritual, die Führung durch den Jahreskreis, die eine Kultur erhält.

TERENCE: Man beachte! Deine Bemerkung läuft letztlich darauf hinaus, daß man zur Wiederaneignung des Unbewußten seine Aufmerksamkeit auf das Verstehen der Zeit richten muß. Die Zeit ist anscheinend der Leib des Unbewußten.

RALPH: Die Zeit ist die Vermittlerin der Unterschiede. Sie ist die Feindin der Gewöhnung. Sie ist die Strategie zur Untergrabung sensorischer Blockierungen.

TERENCE: Die Zeit ist auch die Bühne der Gewöhnung. Zeit und kreativ angewandte Aufmerksamkeit vertreiben das Unbewußte.

RALPH: Was ist mit dem dunklen Teil des Unbewußten, den mit dem Flugzeug zu überfliegen und durch das Fenster des Bewußtseins zu betrachten verboten, schwierig, vielleicht sogar unmöglich ist? Diese Erfahrung, diese Wahrnehmung ist unser rechtmäßiges Erbe, das uns aber kraft religiöser Autorität und mit Ritualen aufrechterhaltener Dogmen vorenthalten und verboten worden ist. Wir können es uns nicht einfach durch die Bereitschaft wieder aneignen, einen Tag der Aufmerksamkeit, der Abwechslung, der Beachtung eines Unterschiedes oder der Erweiterung eines Teils des Unbewußten zu widmen. Es ist schlicht unerreichbar geworden.

Verbote sind, glaube ich, ein junges Phänomen, und hier liegt eine ernste Gefahr für die Evolution, denn sobald eine Erfahrung verboten wird, wirft das die Evolution aus dem Gleis. Diese Art von Unbewußtheit, denke ich immer noch, wurde zu einem bestimmten historischen Zeitpunkt durch eine Bifurkation erzeugt. Irgendwann vor ungefähr sechstausend Jahren gab es eine besondere neue Denkweise, die das Verbot wertvoller Erfahrungen forderte. Das ist der wirkliche Fall, auf dessen Grundlage wir jetzt das wirkliche Böse als ein Problem im Leben haben. Die Zerstörung der Einheit, der Tod der Natur, das sind neue Probleme, und sie haben eine Geschichte, in der Verbote eine Rolle spielen.

Wenn etwas einmal in Verruf geraten ist, ist es sehr schwer, es sich wieder anzueignen. Beispielsweise wird das Chaos als schlecht angesehen, und es ist sehr schwer, diesen Schaden zu beheben.

TERENCE: Was du, Ralph, wie mir scheint, sagen willst, ist, daß eine grundsätzliche Grenze auf drastische Art durchbrochen oder aufgelöst werden muß, damit wir die Bestätigung haben, daß wir in eine neue Phase des menschlichen Abenteuers eingetreten sind.

Vielleicht ist die Revolution in den Medien- und Informationstechniken das Lösungsmittel, das alles durchsichtig macht und uns von dem beschränkten westlichen Ansatz abbringt, indem es uns über die Wahlmöglichkeiten informiert, die den Menschen wirklich offenstehen. Es ist wichtig, in diesem Punkt unsere geistige Gemeinschaft herzustellen und stark zu machen.

RALPH: Ich denke, es ist möglich, die Frequenz zu erhöhen, das Dunkel durch Gebete lichter zu machen. Ich würde gern eine Auferstehung der Magie erleben. Es steht zu hoffen, daß viele Orte, die heute brachliegen, wo der Garten von Unkraut überwuchert ist, mit Bannzeremonien, Gebeten und so weiter verschönt werden können. Wir müssen diese Technik lernen, etwa die Sternenmagie von Stonehenge oder die Astrologie mit dem Fortschritt des täglichen Lebens und politischen Ereignissen verbinden.

Wir haben große Kräfte, die derzeit nicht genutzt werden, weil wir nicht an sie glauben. Das unzugängliche Unbewußte enthält eine gewaltige Kraft zum Guten, und in ihm allein kann uns diese Kraft wieder zu eigen werden.

Ich sehe die Weltseele lieber als das größte und intelligenteste Wesen, das man sich vorstellen kann. Sie ist nicht der Gott, der die Sterne wie Lampen an den Himmel hängte. Sie ist nicht die Kraft, die die Galaxien um ihre Achsen kreisen läßt. Die Weltseele ist etwas, das aus biologischen Umständen entstanden ist. Sie ist in gewissem Sinne ein Organismus innerhalb des Universums von Raum und Zeit, aber sie hat das Universum nicht geschaffen. Sie ist darin eine Bewohnerin - aber von einer Größenordnung, die uns zu bloßen Atomen in ihr macht. *Terence McKenna*

Die Gaiaseele könnte aufgrund einer schlechten Angewohnheit scheitern. Das Inkarniertsein ist nämlich suchtbildend, und der Grund, weshalb es auf diesem Planeten einen außer Kontrolle geratenen Tumor gibt, ist diese schlechte Gewohnheit.

Ralph Abraham

Insofern als der Pilz und die menschliche Psyche früher eine symbiotische Beziehung unterhalten haben, befinden sich die von Pilzen im menschlichen Bewußtsein herbeigeführten Erfahrungen im morphischen Feld dieser symbiotischen Beziehung und können deshalb vom Pilz getragen werden.

Rupert Sheldrake

5. *Die Weltseele und der Pilz*

RUPERT: Terence, glaubst du, daß die Welt zufällig entstanden ist?

TERENCE: Mir scheint Zufall die unwahrscheinlichste Möglichkeit zu sein. Die probabilistische Auffassung geht davon aus, daß die Natur von Haus aus zufällig ist, weil der Zufall etwas ist, worüber die Wahrscheinlichkeitslogik Aussagen treffen kann. Doch in der Natur begegnen wir dieser Zufälligkeit nirgendwo. Mit der Ermittlung von Durchschnittswerten aus vielen Einzeldaten wird die Eigentümlichkeit ungewöhnlicher Ereignisse durch glatte Kurven unterdrückt, von denen wir meinen, daß sie bestimmte Prozesse beschreiben, obwohl wir diese in Wirklichkeit niemals mit gebührender Sorgfalt untersucht haben. Wenn wir genau hinschauen - und damit machen wir ja gerade den Anfang -, finden wir fraktale Strukturen, die selbstähnlich und erstaunlich unvorhersagbar sind.

Meinen Gedanken der Neuheitswelle lege ich in diesem neuen Geist vor. Er würde die Vorstellung der Zeit als einer

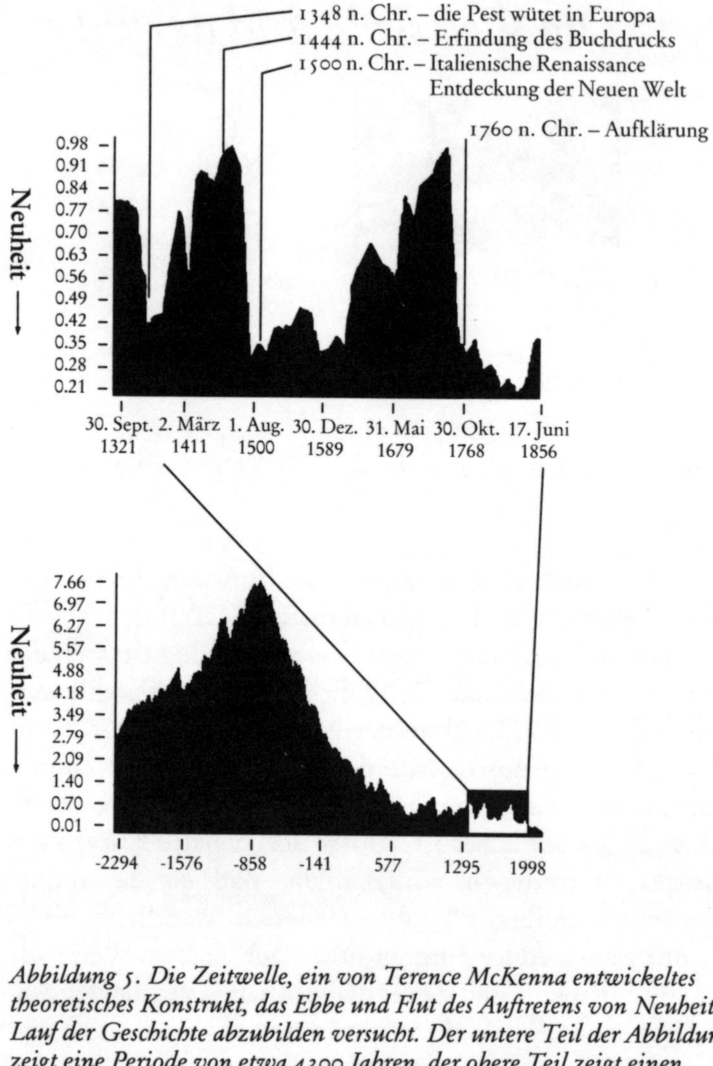

Abbildung 5. Die Zeitwelle, ein von Terence McKenna entwickeltes theoretisches Konstrukt, das Ebbe und Flut des Auftretens von Neuheit im Lauf der Geschichte abzubilden versucht. Der untere Teil der Abbildung zeigt eine Periode von etwa 4300 Jahren, der obere Teil zeigt einen Ausschnitt daraus von etwa 500 Jahren. Indem die Werte auf Null zustreben, nehmen Neuheit und Verknüpfung zu, während die Entropie abnimmt.

glatten Oberfläche wie in der reinen Dauer der Newtonianer durch die Vorstellung ersetzen, daß die Zeit aus diskreten Elementen besteht, die nach angebbaren Regeln auf einzigartige Weise zusammengesetzt sind. Dies läßt sich vorstellen als ein das raumzeitliche Universum überlagerndes fraktales Wellenmuster, in dem der Zeit die Lokaleigenschaft zukommt, entweder akkumuliertes Material aus der Vergangenheit zu bewahren oder neue Verbindungen zu hervortretenden, vorher nur unterschwelligen Eigenschaften zu entfalten.

RUPERT: Aber wenn es keinen Zufall im Universum gibt, was meinen wir dann mit Chaos?

RALPH: Also, was die Chaosrevolution angeht, so sprechen wir im Fachjargon der Mathematik ironischerweise von mathematischen Modellen, die chaotisch sind, das heißt, der intuitiven Bedeutung von Chaos entsprechen, aber nicht zufällig, regellos. Als diese Modelle ursprünglich entdeckt wurden, wurden sie «seltsame Attraktoren» genannt. Dann erkannten wir, daß sie überall in der Natur vorkommen und deshalb nicht seltsam genannt werden können. Jemand machte den Vorschlag, sie chaotische Attraktoren zu nennen. Dagegen wurde der Einwand erhoben, diese Modelle seien das Gegenteil von dem, was Chaos normalerweise bedeutet, weil sie Ordnung haben. Wie ich Ruperts Frage verstehe, bezieht sie sich auf das Zufallsverhalten außerhalb des Geltungsbereichs dieser mathematischen Modelle, die chaotisch, aber nicht zufällig sind. Die Frage ist, ob irgend etwas in der Natur außerhalb des «geordneten» Bereichs der chaotischen Attraktoren liegt.

RUPERT: Ja.

RALPH: Meiner Meinung nach liegt noch eine ganze Menge jenseits unseres Wissenshorizonts. Wir wissen nicht, ob in der Zukunft Modelle für diese «ganze Menge jenseits» aufkommen werden oder nicht. Wenn uns genug Zeit bleibt, unseren gegenwärtigen Entwicklungsweg mit Naturwissenschaft, Mathematik, Computern und so weiter fortzusetzen, dürfte, denke ich, die Menge des sogenannten «zufälligen» Verhaltens, also des Verhaltens, in dem wir keinerlei Struktur erkennen können, rapide abnehmen. Dennoch ist in der Welt dieser mathematischen Modelle für das Chaos Raum für Neues, für Wandel und die Entdeckung völlig neuer Muster. Ich glaube nicht, daß wir für die Entstehung neuer Formen den Zufall brauchen.

RUPERT: Das nicht, aber was wir brauchen, ist ein Universum, das offen und unbestimmt genug ist, um neuen Formen Raum zu geben, in dem sie entstehen können. Wenn die ganze Natur schon darauf festgelegt ist, vorbestimmten Wellen, Mustern und Formen zu folgen, ob sie nun in Terences Computer oder in dem eines anderen dargestellt werden oder nicht, dann bleibt nicht viel Raum für das Entstehen von etwas wahrhaft Neuem übrig. Meiner Ansicht nach könnte sich die Komplexität von Terences Neuheitswelle als Konzept für die Beschaffenheit der Zeit genauso entwickeln wie das Universum, nicht nach einem simplen Algorithmus, sondern auf eine Art, die wirklich unvorhersehbar ist.

TERENCE: Das würde aus ihrer Resonanz mit der eigenen Vergangenheit kommen. Denn was sich in dieser schwer zu quantifizierenden Entwicklung zu größerer Komplexität akkumuliert, sind Resonanzen.

RUPERT: Mein Problem ist wohl, daß für mich Spontaneität und Kreativität zuerst kommen. Alle diese Versuche, Modelle für wirkliche Vorgänge zu konstruieren, werden die Phänomene niemals ganz fassen können.

TERENCE: Stimmt. Alle Modelle sind provisorisch, und das erhält der Sache ihre Unabgeschlossenheit. Die große intellektuelle und emotionale Veränderung, die den Paradigmenwechsel begleiten wird, ist der Verzicht auf vollständige Erklärungen: Die Leute werden ohne eine vollständige Erklärung leben können; sie werden begreifen, daß die Tiefe des Geheimnisses alle Erklärungen übertrifft. Modelle sind immer provisorisch, immer nur Notbehelfe. Es gibt einen Teil der Wirklichkeit, der als die wertfinstere Dimension bezeichnet worden ist, über die sich nichts absolut wissen läßt. Das Chaos steckt da irgendwo drin. Die Aufgabe des menschlichen Werdens, und der Mathematik und unserer intellektuellen Hilfsmittel, besteht darin, Licht in diese Dimension zu werfen; das gibt uns ein Gefühl der Entdeckung und des Sinns, aber sie kann niemals auf Absolutheiten reduziert werden. Letzten Endes gibt es in der wertfinsteren Dimension einen Bereich, der *prinzipiell* wertfinster ist. Die physikalische Analogie, die wir dafür haben, ist ein schwarzes Loch, aus dem keine Information entweicht. Wir müssen in unsere Theorien solche Falltüren und Hinterausgänge einbauen, damit wir nicht einer anderen Illusion in die Falle gehen.

RUPERT: Der Versuch, das Chaos durch mathematische Modelle zu zähmen, ist auf einer ziemlich abstrakten Ebene eine moderne Version des alten Mythos vom Sieg des Sonnenhelden über das Meeresungeheuer, den Drachen der Tiefe, die Chaosschlange. In der christlichen Version ist der Erzengel Michael oder St. Georg der strahlende Held, der die Finsternis des Drachen durchbohrt. Ralph meinte, daß wir einige dieser chaotischen Prozesse darstellen können, aber es könnte noch einen kleinen, mittleren oder großen Restbestand geben - nehmen wir mal an, er sei groß. Dann können wir weitere Modelle bauen und weitere Teile des Restbestands darstellen. Von dort aus ist es leicht, unmerklich in die bekannte Aussage hineinzurutschen: «Also, im Prinzip müßte es möglich sein, *alles* darzustellen.» Das ist die moderne Version der Vorstellung, daß im Prinzip die gesamte Wirklichkeit in irgendein mathematisches Modell gepackt werden könnte. Mit anderen Worten, die Weltseele ist in gewissem Sinne der höchsten mathematischen Seele unterworfen, die höher, weiter und älter ist als die ganze natürliche Welt. Es rutscht alles in eine Art Metaphysik ab, die bei den Mathematikern schon eine lange Tradition hat.

RALPH: Das müssen wir jetzt endlich mal klarkriegen, Rupert! Allen Erklärungen zum Trotz bleibst du hartnäckig dabei, daß die Mathematik sich seit der Zeit Platons nicht vom Fleck bewegt hat. Dein Einwand gegen Modelle für das Chaos basiert darauf, daß du sie fälschlich als Platonische Ideen begreifst. Die neuen Chaosmodelle entstehen aus einem Entwicklungs- und Entdeckungsprozeß. Ich glaube nicht, daß sie für Platon oder für überhaupt jemanden vor der Erfindung des Computers auch nur vorstellbar gewesen wären. Dieser Entdeckungsprozeß gehört mit zum evolutionären, schöpferischen Aspekt der Weltseele, die wir uns jetzt zweischichtig denken können. Eine Schicht ist die Welt der Materie und Energie, wo es zur Entdeckung neuer, sich entwickelnder Gebiete kommt. Die andere ist die Welt des Geistes, die verbal Beschreibungen und mathematische Modelle einschließt.

Anscheinend entwickeln sich diese beiden Ebenen in Abhängigkeit voneinander: Wenn das Unbewußte Gaias, wie in Abbildung 2, neue Formen aus dem Chaos als Rohstoff für die Evolution liefert, dann beliefert es entweder beide Ebenen, die geistige und die physische, oder das Unbewußte Gaias hat zwei Schichten, für jede Ebene eine. Wahrscheinlich besteht eine Verbindung vom Unbewußten Gaias zu den beiden sich gemeinsam entwickelnden Ebenen, eine Verknüpfung, die man als Dreieck abbilden könnte. Die Vorstellung, daß es für alles, was ins Bewußtsein tritt, ein mathematisches Modell gibt, widerspricht nicht dem schöpferischen Werden, weil wir nicht annehmen können, daß schon alle mathematischen Modelle existierten. Es gibt auf dieser geistigen Ebene die gleichen unendlichen Möglichkeiten zu Entdeckungen, Erfindungen und Neuerungen wie auf der materiellen. Warum auch nicht? Wo ist der Unterschied?

Du denkst anscheinend, daß man dieser oder jener Sicht den Vorzug vor der anderen geben muß, daß entweder das mathematische Modell von der konkreten Beobachtung abstrahiert ist oder daß die materielle Welt sich um die mathematischen Modelle herum vergegenständlicht oder verdichtet. Das ist gar nicht nötig. Es kann einfach ein gemeinsamer Entwicklungsprozeß sein. Einmal wird der linke Fuß vorgesetzt, ein andermal der rechte.

RUPERT: Gut. Das ist eine prima Erklärung. Aber während du ein Mathematiker und dennoch kein Platoniker bist, ist Terence weitaus platonischer. Er denkt, die Neuheitswelle komme aus einem höheren Bereich und liege irgendwie dem verborgenen Wirken des Kosmos hinter den Kulissen zugrunde.

TERENCE: Zugegeben, aber ich bin nicht sicher, ob es sich bei der Neuheitswelle einfach um die mathematische Beschreibung eines enzymatisch vermittelten Vorgangs auf der Erdoberfläche handelt, oder ob sie, wie du es angedeutet hast, auf die Stufe eines höheren Prinzips gehoben werden kann. Sie ist determiniert, aber nur auf eine ziemlich schwache Art, die Rahmenbedingungen für die Ereignisse festlegt, ohne anzugeben, wie die Ereignisse im einzelnen aussehen werden. Auch mir ist nicht ganz wohl mit meinem Platonismus. Mir ist klar, daß einige naive Voraussetzungen darin herumspuken. Ich will nicht darauf hinaus, daß diese Formen ewig sind. Ich will, daß sie irgendwie von innen aus dem Verlauf des Weltgeschehens hervorgehen. Ich habe noch nicht ganz ausgetüftelt, wie ich alle diese Hühner auf eine Stange kriege.

RALPH: Vor der Computerrevolution war die Frage der Präexistenz dieser ganzen mathematischen Formen wohl noch offen. Aber jetzt gibt es keinen Zweifel mehr. Die Mathematik ist eine eigene Welt, eine Landschaft mit Bergen und Tälern, allerdings ist ein Großteil dieses Terrains noch unerforscht. Forscher, die dieses Terrain erkundet haben, haben uns einige seiner Züge beschrieben. Wir haben es mit der Entdeckung einer schon bestehenden Landschaft zu tun und mit der Modifikation und Evolution dieser Landschaft durch die Einwirkung des menschlichen Bewußtseins. Obwohl eins, zwei, drei hier bei uns überall eins, zwei, drei ist, könnten wir dennoch auf einem fremden Planeten landen und feststellen, daß sie dort eine Region der mathematischen Landschaft erforscht, freigelegt und modifiziert haben, in der wir noch nie waren.

TERENCE: Die Mathematik hat ja nur zu einem sehr kleinen Teil mit Zahlen zu tun. Im Grunde ist ihr Augenmerk auf die Regeln gerichtet, die für bestimmte definierte Mengen gelten. Ich glaube, wenn man erst einmal herausgefunden hat, was die Mathematik ist, kann jeder einzelne von uns einen neuen Zweig der Mathematik erfinden.

RALPH: Ich glaube nicht, daß die Mathematik das Ergebnis einer kreativen Tätigkeit der Menschen ist, daß sie *erfunden* wird. Sie hat einen inneren Zusammenhang von einer Stimmigkeit, die die Kapazitäten des menschlichen Bewußtseins mit seiner kurzen Geschichte weit übersteigt.

TERENCE: Ist sie wirklich zusammenhängend? Oder ein Archipel aus vielen Inseln? Haben denn die Leute, die höhere Zahlentheorie betreiben, den Superalgebraikern irgend etwas zu sagen, die wiederum den Fraktaltheoretikern nichts zu sagen haben?

RALPH: Ich denke, es ist eine einzige Landschaft, zu einer vollständigen Einheit zusammengeschlossen.

TERENCE: Eine tollkühne Behauptung!

RALPH: Das spielt keine große Rolle. Die verschiedenen mathematischen Theorien sind nur Eindrücke von Wanderern, die aus einem fernen Land zurückgekommen sind. Ich glaube, es ist an der Zeit, daß wir uns wirklich mit der Weltseele konfrontieren. Wir wissen aus Berichten in der Kongreßbibliothek, daß andere Leute auf ihren Reisen ein anderes Stück der Weltseele gesehen haben. Mathematik hier, Sinneserfahrung dort, babylonische Geschichte hier, Neuerungen aus dem Chaos des Unbewußten dort. Wie bringen wir das alles unter einen Hut? Welche Beziehung besteht zwischen der Existenz der Weltseele und der menschlichen Imagination? Die mathematische Landschaft ist in der biologischen Welt lange vor dem Aufkommen der menschlichen Spezies ausgiebig bereist, vermessen, erlebt und benutzt worden. Welche Rolle spielt die Mathematik in der Ko-Evolution der Weltseele und des menschlichen Bewußtseins?

RUPERT: Man kann etliche Sachen über die Seele der Welt schlußfolgern. Einmal, daß sie Qualitäten ebenso wie Quantitäten enthält. Die Welt, wie wir sie wirklich erleben, ist voller Farben, Laute, Gerüche und anderer Eigenschaften, die wir durch unsere Sinne kennen. Das Vorgehen der Naturwissenschaft seit dem 17. Jahrhundert ist es gewesen, die sinnlichen Eigenschaften außer acht zu lassen und nur die sogenannten primären Eigenschaften der Stoffe zu betrachten, nämlich ihr Gewicht, ihre Lage, ihren Impuls und so weiter. Diesen letzteren konnte man Zahlen zuordnen und sie so mathematisch behandeln. Die Wirklichkeit wurde als farblos, geschmacklos, lautlos und geruchlos behandelt. Sie war abstrakt, objektiv und mathematisch. Eigenschaften, die wir durch unsere Sinne kennen, hatten keine objektive Existenz außerhalb der Vorstellung des subjektiven Beobachters.

Mir dagegen scheint, die Imagination der Weltseele wird nicht nur mit Zahlen und Mathematik arbeiten, sondern auch mit Eigenschaften. Sie wird wahrscheinlich alle möglichen Geschmäcke, Gerüche, Farben und sonstige Eigenschaften, die es in der Welt gibt, enthalten, desgleichen die Erfahrung und Imagination dieser Eigenschaften.

TERENCE: Der Himmel.

RUPERT: Nein, sie ist nicht der Himmel. Sie ist die Seele der Welt. Die Seele enthält nicht nur alles, was es in der Welt gibt, sondern auch die Imagination, die alle Dinge in der Welt hat entstehen lassen und die unermüdlich weiter neue Formen und Möglichkeiten entstehen läßt.

RALPH: Heißt das, die Seele der Welt entsteht nicht, sondern ist bereits fix und fertig?

RUPERT: Um das zu beantworten, laß mich zunächst einmal auf eine herkömmlichere Ansicht der Weltseele eingehen. Die theoretischen Physiker versuchen zur Zeit, eine einheitliche Feldtheorie für alles zu erdenken. Das war Einsteins Ziel, aber er konnte es nicht erreichen, weil er es allein mit Mathematik probierte. Das Problem wird jetzt im Kontext der Urknallkosmologie gesehen.

Wenn das ganze physische Universum durch Berechnungen bis zu den ersten paar Sekundenbruchteilen zurückgekurbelt wird, schießt die Temperatur auf Billionen von Grad hoch, und alles ist anders. Die Dinge verhalten sich nicht so, wie sie es jetzt tun. Sie werden symmetrischer. Kurbelt man es immer weiter zurück, kommt man zu einem Zustand der Ureinheit, zum Urfeld der Natur. Nach der Superstring-Theorie hat dieses Feld neun Raumdimensionen und eine Zeitdimension. Indem das Universum sich entwickelt und ausdehnt, zerbrechen die Symmetrien, und die Felder der Natur, etwa das elektromagnetische oder das Schwerkraftfeld, treten hervor.

Alle Formen und Muster der Dinge, die in der Welt entstehen, haben ihre Felder, die sie organisieren, und alle stammen letztlich von dem einheitlichen Urfeld ab, welches das allumfassende Feld der Welt bleibt. Da das Weltfeld alles enthält, muß es notwendig evolutionärer Natur sein, da es alles, was in dem sich entwickelnden Kosmos geschieht, in sich schließt. Dies ist die Auffassung, zu der die moderne kosmologische Spekulation tendiert.

Meiner eigenen Meinung nach hat das Feld ein Gedächtnis, das alles enthält, was schon in ihm vorgegangen ist. In einer Welt, deren physischer Körper von den Gewohnheiten der Natur geformt wird, beinhaltet die kosmische Imagination ein fortlaufendes Gedächtnis. Die Weltseele als ein Welt*feld* zu denken hat immer noch etwas Schwarzweißmalerisches, Mathematisches, Abstraktes an sich. Ich dagegen meine, wie gesagt, daß sich in jeder vernünftigen Vorstellung von der Weltseele Farben, Geschmäcke, Gerüche, Laute und andere Eigenschaften finden müßten.

TERENCE: Wir gebrauchen für die Weltseele das Wort «Seele», weil wir eine Analogie zu der Seele des Menschen spüren. Wenn man diese Analogie weitertreibt, kommt man zu ziemlich erstaunlichen Schlüssen. Wir stellen uns die

Seele als eine nicht lokalisierbare, immaterielle Essenz vor, die den Tod überdauert, eine durch den Lebensprozeß ausgebildete höherdimensionale Form, die mit dem Sterben des Körpers freigesetzt und in eine höhere Dimension, die ihr Ursprung und ihre Heimat ist, entlassen wird.

Ist nun, wenn wir eine Analogie weiterverfolgen, die Weltseele eine unsichtbare, unerkannte organismische Struktur, die durch die Evolution des Lebens auf diesem Plan ausgebildet worden ist? Ist das Schicksal der Weltseele unabgeschlossen, bis sie sich von der Matrix abtrennt, die sie schuf? Ist die globale Krise und die innere Suche und Unruhe unserer Zeit die aufdämmernde Erkenntnis, daß wir tatsächlich den Tod der Weltseele miterleben, also ihre Abtrennung von den Dimensionen, denen sie ihr Wachstum und ihre Bildung verdankt?

RALPH: Ich muß sagen, mir ist sehr unwohl bei dieser Diskussion, und ich muß staunend feststellen, wie ich hier sitze und euch, ausgerechnet euch, vorwerfe, zu klein zu denken. Mir kommt der ganze Gedanke, daß die Weltseele in einem Raumzeitkontinuum von vier oder zehn Dimensionen eingesperrt ist, extrem beklemmend vor, ebenso der Gedanke, daß die Weltseele keine Daseinsmöglichkeit besaß, solange ihr der Urknall nicht Materie und Energie oder sonstwas beschaffte. Ich habe sogar meine Zweifel am Urknall. Aber selbst wenn ich ihn einmal gelten lasse, bedeutet der Seelengedanke für mich tendenziell die Ewigkeit von Bewußtsein und Unbewußtem, oder eines letzten Wesenskerns der Lebenserfahrung. Es könnte sein, daß Sonnensysteme kommen und gehen, daß Universen kommen und gehen und daß die Weltseele sich gewissermaßen in einem Universum nach dem anderen inkarniert. Auf den Urknall könnte ein Untergang folgen und auf diesen ein neuer Urknall. Die Vorstellung, daß die Weltseele wegen eines nuklearen Winters oder so was ein für allemal ein Ende nehmen könnte, ist ungemein einengend.

TERENCE: Ich meine nicht, daß sie zu existieren aufhört. Ich meine, daß sie in eine andere Dimension befreit wird.

RUPERT: Ralph, du vertrittst das hinduistische Modell und Terence das christliche.

RALPH: Meinetwegen. Ich rede von einer Existenz der Weltseele, die jenseits von Raum und Zeit ist. Raum und Zeit sind Illusionen, die der Inkarnation in diesem Schimpansenkörper strenge Beschränkungen auferlegen.

RUPERT: Das ist der reine Hinduismus. Es ist eine Hindu-Lehre, daß die Seele aus einem Bereich jenseits von Raum und Zeit kommt, sich in einem Körper inkarniert und dann, wenn dieser Körper stirbt, sich in einem anderen reinkarniert. Ihr wahres Schicksal liegt nicht im Körper. Sie bleibt mit dem Ursprung in Berührung, aus dem sie gekommen ist und der viel größer ist als jede ihrer verkörperten Existenzen.

Das ist *ein* mögliches traditionelles Modell: Daß das Universum sterben und die kosmische Seele sich dann reinkarnieren wird. Dem stelle ich Terences Modell gegenüber, das christliche eschatologische Modell, nach dem das Universum einen Gipfelpunkt erreicht: Die ganze Schöpfung, das gesamte Universum liegt danach stöhnend in den Geburtswehen einer neuen Ordnung. Dies ist der Gedanke einer neuen Schöpfung, nicht bloß der Menschheit, nicht bloß dieser Erde, sondern des ganzen Kosmos.

TERENCE: Aus dem Bios.

RUPERT: Aus dem Bios kommt eine völlig neue Daseinsordnung. Das entspricht ungefähr deinem Gedanken, daß die Verkörperung der Weltseele ein Ende nimmt. Vermutlich nicht nur auf dieser Erde, sondern im gesamten Kosmos. Das ist die extremste Version des jüdisch-christlichen eschatologischen Denkens. Es ist ... es ist ...

TERENCE: Der Teufel, was? Sicher, es ist die extremste. Aus Überzeugtheit von meiner Theorie will ich mal beipflichten. Allerdings ist meine persönliche Auffassung von der Weltseele nicht so metaphysisch wie euer beider Auffassung. Ich hab's eigentlich nicht damit, daß sie Gott der Allmächtige ist. Ich sehe die Weltseele lieber als das größte und intelligenteste Wesen, das man sich vorstellen kann. Sie ist nicht der Gott, der die Sterne wie Lampen an den Himmel hängte. Sie ist nicht die Kraft, die die Galaxien um ihre Achsen kreisen läßt. Die Weltseele ist etwas, das aus biologischen Umständen entstanden ist. Sie ist in gewissem Sinne ein Organismus innerhalb des Universums von Raum und Zeit, aber sie hat das Universum nicht geschaffen. Sie ist darin eine Bewohnerin - aber von einer Größenordnung, die uns zu bloßen Atomen in ihr macht.

RALPH: Ich denke, wir arbeiten alle an einem Kompromiß. Was wir hier brauchen, ist eine Art Gruppentherapie. Wir müssen uns umprogrammieren, aus unserer Kindheitskonditionierung – Hindu, Jude, Christ, Naturwissenschaftler – rauskommen. Unsere Arbeit, unser Denken, unser Reden und unsere Beziehungen stehen unter dem Zeichen unserer individuellen Reisen durch den Geist, auf denen wir die Größe der Weltseele gesehen und empfunden haben. Wenn wir darüber diskutieren oder sie zur Sprache bringen oder sie auf die gewöhnliche Wirklichkeit beziehen, besteht eine Tendenz zum Konservatismus, die sich zuletzt wie ein Anthropozentrismus ausnimmt. Was wir im Großen erfahren haben, drücken wir auf das menschliche Maß zusammen und beziehen es zu sehr auf menschliches Bewußtsein und menschliche Geschichte.

TERENCE: Wenn ich mir die menschliche Geschichte anschaue, dann sehe ich, wie sich ein Dringlichkeitsgefühl anstaut, lange bevor irgendwer sich Gedanken über Ökozid oder Bevölkerungsziffern machte. Es ist fast, als ob die Weltseele das Wesen wäre, das eigentlich Leben will und das bei der Ahnung einer Instabilität versucht, aus dem unförmigen Material des Protoplasmas ein Rettungsboot zu bauen.

RALPH: Als wollte sie eine Infektion bekämpfen. Die Gaiaseele könnte aufgrund einer schlechten Angewohnheit scheitern. Das Inkarnisiertsein ist nämlich suchtbildend, und der Grund, weshalb es auf diesem Planeten einen außer Kontrolle geratenen Tumor gibt, ist diese schlechte Gewohnheit.

TERENCE: Die Weltseele spürt vielleicht wirklich das endliche Leben der Sonne und versucht nun, ein Rettungsboot zu bauen, mit dem sie zu einem anderen Stern übersetzen kann.

Wie in aller Welt kann man zu einem anderen Stern übersetzen, wenn das einzige verfügbare Material Protoplasma ist? Na schön, es mag fünfzig Millionen Jahre dauern, aber es gibt Strategien dafür. Dabei geht es um genetische Sprachen und die Hervorbringung eines Wesens, das durch Abstraktion und Analyse der Materie Herr wird und schließlich die Technik erschafft. Das Ganze ist ein enzymatisch vermittelter Prozeß, ein Überlebensplan der Weltseele.

Ralph: Gibt es nicht in unserem Erleben des göttlichen Logos das Gefühl, daß wir bereits über die physische Ebene des Protoplasmas hinausgegangen sind? Ist das nicht schon eine Art Weltraumreise?

Terence: Schon, aber warum dann diese zunehmende Dringlichkeit? Jahrhundert um Jahrhundert, seit fünfzehntausend Jahren: zunehmende Unruhe und die Verfolgung zunehmend irrationaler Chreoden. Nur wenn ein Problem mit der Stabilität der Umwelt besteht, geben die letzten zehntausend Jahre menschlicher Geschichte irgendeinen Sinn: die Geschichte als Evakuierung, als verzweifelte Suche nach einem Ausweg. Aus diesem Grund durften diese Dinge losbrechen, die Meere vergiften, die Kontinente ausplündern. Die Weltseele, denke ich, ist im kulminierenden Augenblick der menschlichen Geschichte mit uns in Kommunikation. Dies alles ist zu einem bestimmten Zweck vorprogrammiert, auf ein Ziel hin, von dem wir keinen Schimmer haben, aber das verknüpft ist mit dem Überleben von allem.

Wenn es allen Ernstes wichtig wäre, um jeden Preis den Weltraumflug zustande zu bringen, weil die Biosphäre in

Not ist, wäre extreme Miniaturisierung ein fruchtbarer Ansatz. Mit anderen Worten, wir müßten einen Weg finden, Menschen in Sporen zu verwandeln, und dann im Vertrauen darauf, daß Lichtdruck und galaktische Konvektion sie verteilen, diese Sporen in der ganzen Galaxis aussäen. In Anbetracht der Diffusionsgeschwindigkeit der Materie in der Galaxis könnten von einem einzelnen Planeten ausgeschickte Sporen in 45 Millionen Jahren die gesamte Galaxis durchdringen, was in der Gesamtlebenszeit des Universums überhaupt nicht lange ist. Ich denke, ein Umbau der menschlichen Gestalt ist angesagt.

RALPH: Wir sollen Termiten in den Weltraum schicken?

TERENCE: Pilze! Menschliche Pilze! Wir wissen, daß Psilocybin eng verwandt ist mit Serotonin. Durch Serotonin werden dem Pilz die Gehirnfunktionen des geistigen Universums ermöglicht.

Wenn ihr mal über einen Pilz nachdenkt, dann seht ihr, daß er für eine wirklich lange Überlebens- und Anpassungsdauer aufs beste gerüstet ist. Schaut doch mal, wie zart seine Verbindung mit der Materie ist. Sein Myzelium ist einfach ein feines Gewebe im Boden irgendeines Planeten, und dennoch verhält er sich synaptisch und ist voll von psychedelischen Wirkstoffen, die Neurotransmittern gleichen. Er ist wie ein denkendes Gehirn, und dennoch zieht er sich in Winzigkeiten von drei Mikron Durchmesser zusammen, von denen ein einziger Fruchtträger in einer Minute mehrere Millionen auswerfen kann. Sporen sind für Weltraumreisen ideal gebaut. Sie können extremste Temperaturen ertragen. Ihre Farbe reflektiert ultraviolette Strahlung. Die

Abbildung 6. Eines von zahlreichen Pilzartefakten, die in Mittelamerika gefunden wurden. Sie deuten auf einen Pilz-Kult hin, der vor über 2000 Jahren im Bereich der Maya-Kultur verbreitet war.

Oberfläche von Sporen ist das strahlungsabweisendste organische Material, das wir kennen.

Das ist ein Beispiel dafür, wie ein abstrakter Begriff wie die Weltseele die Welt der Biologie und der Organismen in ihren oberen Schichten durchdringen könnte.

RUPERT: Insofern als der Pilz und die menschliche Psyche früher eine symbiotische Beziehung unterhalten haben, befinden sich die von Pilzen im menschlichen Bewußtsein herbeigeführten Erfahrungen im morphischen Feld dieser symbiotischen Beziehung und könnten deshalb vom Pilz getragen werden. Die Pilzsporen müßten irgendwo keimen, so daß auf einem anderen Planeten Pilze wachsen würden, und wenn bewußte Organismen die Pilze essen, würden sie telepathisch zu diesem ganzen Bereich der menschlichen Psyche Zugang erlangen.

TERENCE: Es ist mehr als eine Symbiose. Vielleicht werden wir hinuntergeladen, oder hinaufgeladen. Wenn wir einen Weg finden können, uns in die Pilze hinunterzuladen, und der Planet explodiert, dann wäre das einfach der Rückenwind für unser Weltraumgefährt.

RUPERT: Vielleicht haben wir uns ja schon in den Pilz hinuntergeladen.

RALPH: Die Weltseele als Myzelium. Wie sagte Gregory Bateson? «Das Muster, das verbindet.»

Tatsächlich könnte die ganze Erde durch sehr kleine Moleküle chemisch reguliert werden, aromatische Verbindungen, die ein Nebenprodukt des Stoffwechsels verschiedener Arten sind, aber die sich nach außen in die Umwelt ausstreuen und das Milieu schaffen, in dem sich ein Großteil des tierischen und pflanzlichen Lebens entfaltet. *Terence McKenna*

Genau wie das elektromagnetische Feld eine Schnittstelle zwischen Materiefeldern und den geistigen, übersinnlichen und morphischen Aspekten unseres Daseins ist, könnte das elektromagnetische Feld eine ähnliche Rolle in der Struktur der Weltseele spielen. *Rupert Sheldrake*

Wir haben in unserem individuellen Bewußtsein eine besondere Affinität zum elektromagnetischen Feld, zur elektromagnetischen Wahrnehmung, Aufnahme und so weiter, wie sie im Sehen exemplarisch zum Ausdruck kommt. Wenn es eine geistige Beeinflussung der Materie gibt, dann müßte sie beim elektromagnetischen Feld am leichtesten ansetzen können. *Ralph Abraham*

6. *Das Licht und der Sehvorgang*

RUPERT: Eines der Probleme, die mir zu denken geben, ist die Verbindung zwischen dem physischen Licht und dem Licht des Bewußtseins, dem Licht der Vernunft und dem Licht der Vision. Es reicht nicht aus zu sagen, das eine Licht sei physisch und die anderen seien metaphorisch. In gewissem Sinne müssen sie Aspekte voneinander sein.

Der Schlüssel könnte in dem Zusammenhang von Licht und Sehen liegen. Wieviel verstehen wir vom Wesen des Sehvorgangs? Die Wissenschaft sagt uns nicht viel darüber. Sie sagt, daß das Licht von dem gesehenen Ding ausgeht oder reflektiert wird, durchs Auge geht und auf die Netzhaut ein umgekehrtes Bild wirft, mit dem Ergebnis, daß in den Sehnerven und in der Großhirnrinde elektrische und chemische Vorgänge ablaufen. Dann scheint irgendwie auf völlig unerklärte Weise das, was wir sehen, als ein subjektives Bild aufzutauchen. Dieses Bild ist irgendwo im Gehirn, wird aber dennoch subjektiv als außerhalb des Körpers seiend erlebt. Wenn ich dich anschaue, Terence, fallen die Lichtstrahlen in mein Auge, und dann habe ich ein subjektives Bild von dir, das nach der gängigen Theorie ein elektrochemisches Muster in meiner Sehrinde ist. Das scheint mir eine äußerst absonderliche Theorie des Sehvorgangs zu sein, weil sie die visuelle Welt, die wir erleben, im Gehirn ansiedelt und nicht um uns herum, wo sie zu sein scheint.

Wenn ich dich anschaue, interpretiere ich mein Bild von dir; es ist ein geistiges Konstrukt. Ich denke, daß dieses geistige Konstrukt womöglich nicht im Gehirn ist, sondern genau dort, wo du bist, außerhalb von mir, wo mein Bild von dir auch zu sein scheint. Die herkömmliche Vorstellung, daß das Bild in meinem Gehirn ist, stimmt nicht mit meiner wirklichen Erfahrung überein. Das ist nur eine Theorie, aber eine Theorie von bemerkenswerter halluzinatorischer Kraft, da wir so leicht vergessen, daß es bloß eine Theorie ist.

Wenn während des Sehvorgangs eine Projektion von Bildern nach außen wie auch eine Bewegung des Lichtes nach innen stattfindet, dann muß, wenn ich nicht bloß mit Worten spiele, auch etwas hinausgehen, so wie das Licht hinein. Wenn das stimmt, könnten Menschen oder Dinge, einfach indem man sie anschaut, beeinflußt werden.

Der Gedanke, daß etwas von den Augen ausgeht, ist eine sehr alte und traditionelle Auffassung des Sehvorgangs. Sie herrschte unter den Vorsokratikern und findet sich in impliziter Form auf der ganzen Welt, nämlich in der von allerlei Gebräuchen begleiteten Furcht vor dem «bösen Blick», der ja eine nach außen gehende Bewegung von Einflüssen vom Auge zu dem angeschauten Ding oder Menschen sein soll. Auch in unserer Kultur rankt sich eine Unmenge von Volksbräuchen und Volksanschauungen um den Eindruck, angestarrt zu werden – das Gefühl, das die Leute haben, wenn sie etwa von hinten angeschaut werden. Man dreht sich um, und tatsächlich schaut einen jemand an. Die Leute scheinen den Einfluß des Sehens wirklich zu empfinden, nach einer neueren Umfrage haben 95 Prozent der Bevölkerung diese Erfahrung direkt gemacht. Sie ist sehr häufig.

Es gibt nicht viele empirische Forschungen über das Gefühl, angestarrt zu werden: drei veröffentlichte Aufsätze in hundert Jahren. Es ist ein Gegenstand, den die Parapsychologen ebenso ignoriert haben wie die Psychologen. Es könnte seltsamerweise der größte blinde Fleck in unserer Sicht der Welt sein, denn es könnte den Schlüssel zu einem vollkommen neuen Verständnis der Beziehung zwischen Geist und Materie oder Seele und Leib enthalten.

Es gibt zwei Möglichkeiten, einen solchen Einfluß zu erklären. Erstens, diese Bewegung nach außen spielt sich in einem mentalen Feld ab, das irgendwie dem elektromagnetischen Feld überlagert wird. Das elektromagnetische Feld löst elektrochemische Veränderungen im Gehirn aus, und irgendwie organisiert sich ein mentales Feld und vernetzt und verknüpft sich damit, ohne jedoch ein Teil davon zu sein. Das mentale Feld verbreitet sich dann nach außen und lokalisiert ein Bild, wo die angeschaute Person tatsächlich ist. Solche Felder würden sich überall um uns herum ausdehnen und wären von unserer Sinneserfahrung der Welt erfüllt. Das wäre das erste Modell.

Das zweite Modell, das ökonomischer ist, wäre, daß der Projektionsprozeß durch eine umgekehrte Bewegung in dem Medium des Lichts erfolgt, das in die Augen fällt. Mit anderen Worten, wenn das Photon hereinkommt, entspricht es einem hinausgehenden Antiteilchen, und diese nach außen gehenden Einflüsse folgen genau der Bahn der Photonen. Diese Teilchen sind beim Sehen, Wahrnehmen, Erfassen und allem subjektiven Erleben eines Gegenstandes mit im Spiel. Sie sind, wenn du willst, die Entsprechungswelle. Da, physikalisch gesprochen, vom Standpunkt des Photons aus während seiner Fortbewegung keine Zeit verstreicht, ist die Verbindung zwischen Ursprungs- und Ankunftsort, zwischen Subjekt und Objekt im Nu gegeben. Auf diese Weise könnte das Sehen sehr nah mit dem Licht verwandt sein.

Es wäre plump zu sagen, daß das Antiteilchen des Photons das Sehteilchen wäre, das «Vision», aber hier könnte das fehlende Verbindungsstück zwischen Sehvorgang und Licht liegen. Es könnte einfach so sein, daß das Photon in gewisser Hinsicht reversibel ist und daß das elektromagnetische Feld in gewisser Hinsicht auch das Sehfeld ist.

TERENCE: Es gibt etliche Fragen, die hier zu stellen wären. Wenn das «Vision» einfach das Antiteilchen des Photons wäre, dürfte es das Phänomen des Lichtdrucks nicht geben. Da es dieses Phänomen gibt und es reichlich untersucht ist, muß das Vision etwas Geheimnisvolleres sein als ein Antiphoton.

RUPERT: Das ist gar kein Problem. Das Photon ist ein Teilchen im physischen Bereich mit physikalischen Eigenschaften und übt daher physischen Druck aus. Das Vision muß in gewisser Hinsicht mit bewußter Erfahrung zu tun haben, mit geistigen Eigenschaften. Es bewegt sich in der entgegengesetzten Richtung, und das Gefühl, angestarrt zu werden, würde von dem Auftreten dieser Teilchen oder Wellen kommen. Es gäbe in dieser Richtung einen Druck der übersinnlichen Art.

TERENCE: Eine elegantere Beschreibung für das, was du sagen willst, wäre es, dieses Gegenwellenphänomen eine Eigenschaft des Photons selbst zu nennen. Vom Standpunkt des Photons aus ist die Zeit der Fortbewegung zu seinem Ziel null. Desgleichen ist die Fortbewegungszeit vom Ziel zurück zum Ausgangsort null. Warum greifen wir uns nicht einfach ein Häppchen aus der Superstring-Theorie heraus und stellen uns das Photon als ein Teilchen vor, das in einer Dimension ausgedehnt ist? Es ist an seinem Ausgangs- und seinem Zielort gleichzeitig und kann daher auf diese Weise über eine Entfernung Informationen übertragen.

RALPH: Das ist ja gleich ein ganzer Sack voller Hypothesen. Gewiß wäre diese Diskussion weitaus weniger interessant, wenn sich herausstellte, daß es *keine* Wirkung auf einen Menschen ausübt, wenn man ihn von hinten anschaut. Es blieben aber dennoch ein paar schwerwiegende Fragen zu den morphogenetischen Feldern bestehen, die Rupert in seinen Büchern *Das Gedächtnis der Natur* und *Das schöpferische Universum* als die Datenbanken der Menschheit postuliert.

RUPERT: Es blieben auch Fragen zum Verhältnis von Geist und Materie und zur Natur des Sehens und des Lichts.

RALPH: Sicher. Dennoch kommt es mir nicht sehr sinnvoll vor, so zu tun, als ob ein solcher Effekt schon bewiesen wäre. Wenn, dann wäre er von all den verschiedenen sogenannten paranormalen Phänomenen der letzten Jahrzehnte der erste, der bestätigt und anerkannt wäre. Das hieße, daß viele Paradigmen geändert werden müßten, und wir würden auch nach Erklärungen für Telepathie und andere Formen der Wahrnehmung über weite Entfernungen suchen: Fernwahrnehmung, Hellsehen ...

RUPERT: ... das zweite Gesicht.

TERENCE: Wenn dieser Effekt bestätigt wäre, würde daraus meines Erachtens nicht automatisch die allgemeine Überzeugung folgen, daß er irgend etwas mit den Augen oder dem Licht zu tun hat. Wenn wir bewiesen hätten, daß die *Aufmerksamkeit* eines anderen über eine räumliche Distanz empfunden werden kann, dann wäre das ein Beweis für die Telepathie. Entscheidend ist nicht die Tatsache, daß ich jemandem auf den Hinterkopf schaue, sondern daß ich meine Aufmerksamkeit konzentriere, und am wirksamsten ist es, wenn ich mich wirklich in den anderen hineinbohre. Der Output des Sehapparats nimmt nicht zu; was zunimmt, ist der Output des Konzentrationsaktes.

RALPH: Wenn wir uns also einig sind, daß die Wissenschaft durch die Entdeckung einer einzigen paranormalen Tatsache auf den Kopf gestellt würde und daß dann auch alle anderen freie Bahn hätten, dann können wir annehmen, daß Feldtheorien erheblich an Raum gewinnen würden. Mathematische Modelle für das morphogenetische Feld würden nur so ins Kraut schießen. Nehmen wir mal an, wir hätten als Versuchsergebnis, daß im Labor Leute andere auf sich aufmerksam machen können, indem sie sie anstarren, sich in sie hineinbohren, wie Terence sagt.

Wäre es dann wirklich selbstverständlich, das elektromagnetische Feld als Vermittlungsinstanz für diesen Einfluß zu postulieren? Oder würden wir eher ein anderes Feld als Denkmodell für das beobachtete Phänomen postulieren? Von alters her gehen wir davon aus, daß geistige, physische und spirituelle Phänomene auf verschiedenen Ebenen ablaufen. Die von den Alten in Griechenland und den Rishis in Indien als Metaphern benutzten Ebenen entsprechen mehr oder weniger unseren Feldern, und es erschien ihnen sinnvoll, diese Felder zu trennen.

Das elektromagnetische Feld ist physisch, wenigstens stelle ich es mir als physisch vor. Der Gedanke eines besonderen geistigen Feldes gefällt mir. Der Geist folgt irgendwie dem Blick nach draußen und dehnt sich aus, bis er den Gegenstand tatsächlich umfängt, ihn durch eine intime Berührung kennenlernt. Das Erkennen wäre dann eine Art Verschlingen, Verzehren. Diese Bewegung wird auf der geistigen Ebene visualisiert und gehört zu einem anderen Feld. Diese Auffassung spricht mich ungemein an.

Wenn du aber andererseits zeigen könntest, daß sich diese telepathische Übertragung von einem Menschen auf einen anderen durch einen Magneten oder einen Filter elektromagnetisch modulieren läßt, dann würde das den Gedanken einer tatsächlichen Nähe der beiden getrennten Ebenen stärken, wobei es selbst dann nicht nötig wäre, sie gleichzusetzen.

RUPERT: Ein Teil von mir findet den Gedanken der getrennten Felder ebenfalls reizvoller, aber ich habe davon einmal Abstand genommen, um zu ergründen, ob wir zu einem neuen Verständnis des elektromagnetischen Feldes gelangen können, welches eine engere Verbindung zwischen Sehen und Licht herstellt. Selbst wenn ein anderes Feld mit hineinspielt, muß es in inniger Resonanz mit dem elektromagnetischen Feld stehen. Es steht außer Zweifel, daß Veränderungen im Gehirn größtenteils elektromagnetische Vorgänge sind, und es gibt da Spielraum für Resonanzen, aber das Feld kann auch mit dem Licht resonieren, das in unsere Augen fällt. Wenn dieses geistige Feld mit dem elektromagnetischen Lichtfeld in Resonanz steht, dann wird es mich in der Tat durch das Licht mit dem Gegenstand, den ich sehe, verbinden. Alles, was in Resonanz mit dem Licht steht, das zwischen uns ist, wird uns über das Licht direkt verbinden.

RALPH: Mir ist bei der Wellentheorie wohler als bei der Teilchentheorie. Denken wir nur einmal an Wellen. Ich schaue hier auf die Wellen des Ozeans, und ich sehe, daß da draußen ein Felsen ist, und wenn die Wellen an dem Felsen vorbeikommen, verändert sich ihre Gestalt, es entsteht ein Hologramm des Felsens in der Welle, die weiterläuft und an den Strand gedonnert kommt. Dann gibt es eine reflektierte Welle, die zurückläuft. Ich denke, das elektromagnetische Feld, wie die Physiker es begreifen, ist etwas ganz Ähnliches. Sein mathematisches Modell ist eine Wellengleichung. Es scheint ein geeignetes Medium für Einflüsse in beiden Richtungen zu sein. Aber ich habe den Eindruck, seine Struktur ist nicht vielfältig genug, um alle geistigen Prozesse darstellen zu können.

RUPERT: Bis jetzt will ich nur das Sehen darstellen.

RALPH: Der visuelle Teil des geistigen Feldes kann ein sehr dünnes Scheibchen des morphogenetischen Feldes sein, in sehr enger Resonanzbeziehung zum elektromagnetischen Feld.

RUPERT: Ich denke, wenn wir den alten Gedanken verschiedener, aneinander angrenzender Ebenen nehmen und uns diese als Felder denken, dann haben wir tatsächlich eine Staffelung geschichteter Stufen.

Erst kommen die Quantenmateriefelder, die mit den starken und schwachen Kernkräften in Atomen zu tun haben und die Formen und Struktureigenschaften von Atomen und Molekülen bestimmen. Sie wirken nur über sehr kurze Distanzen.

Dann kommt das elektromagnetische Feld, ein organisierendes Feld komplexerer Strukturen. Das elektromagnetische Feld hält im Grunde Atome, Moleküle, Kristalle und alles andere zusammen. Man könnte sagen, das elektromagnetische Feld ist mit den morphischen Feldern von Molekülen und Kristallen verbunden.

Wenn man zu den Pflanzen und ihren Wachstumsvorgängen kommt, gibt es ein morphogenetisches Feld des Pflanzenwachstums, das an das eine Stufe tiefer liegende elektromagnetische Feld anschließt. Bei Tieren gibt es über den morphogenetischen Feldern noch die Instinkt- und Bewegungsfelder, die die Aktivitäten des Nervensystems organisieren und koordinieren.

Darüber gibt es hierarchisch noch höhere Ebenen, etwa Wahrnehmungsfelder und Felder höherer Verstandestätigkeit. Es kann Ebenen von Feldern geben, die den Stufen gleichen, von denen du gesprochen hast, Ralph, aber in einer verschachtelten Hierarchie. Das Schwerkraftfeld umfaßt sie alle; es ist das Universalfeld.

RALPH: Das elektromagnetische Feld, ein Grundbestandteil des morphogenetischen Feldes oder der Weltseele, sollte aus Gründen der Ökonomie so weit wie möglich ausgenutzt werden, um die Erklärungslast zu tragen. Ganz bestimmt sind diese ganzen morphogenetischen Phänomene bei Kristallen und so weiter durch Resonanz eng mit dem elektromagnetischen Feld verbunden.

TERENCE: Es gibt allerdings nicht nur elektromagnetische Felder, sondern auch chemische Felder, und ich denke, daß zum Beispiel Pheromone ungemein unterschätzt werden, was ihre organisierende Kraft in der Biologie und in Gesellschaftssystemen angeht. Tatsächlich könnte die ganze Erde durch sehr kleine Moleküle chemisch reguliert werden, aromatische Verbindungen, die ein Nebenprodukt des Stoffwechsels diverser Arten sind, aber die sich nach außen in die Umwelt ausstreuen und das Milieu schaffen, in dem sich ein Großteil des tierischen und pflanzlichen Lebens entfaltet. Leicht verdunstende Verbindungen von niedrigem Molekulargewicht stehen wahrscheinlich hinter vielen Selbstregulierungsmechanismen der Natur. Wenn Materialisten im Ernst behaupten können, daß die im Laufe der Zeit immer größer werdende Leichtigkeit, mit der neue Verbindungen kristallisieren, von den Samenkristallen kommt, die Chemiker in ihren Bärten herumtragen, dann werden sie sicherlich der Überlegung nicht widersprechen können, daß die Diffusionsgeschwindigkeiten der Natur ausreichen, um diese Chemikalien als Kontroll- und Informationsträger überallhin zu transportieren.

RALPH: Dieser Gedanke spricht sehr für Ruperts ökonomisches Modell, weil der Riechkolben ja nichts anderes ist als ein Umformer vom chemischen Feld zum elektromagnetischen. Schon eine kleine Zahl von Pheromonmolekülen reicht aus, um im Bereich des Riechkolbens eine elektromagnetische Welle zu erregen, die dann von einer Art von assoziativem Gedächtnis identifiziert wird, das primär in der elektromagnetischen Aktivität des Gehirns zu Hause ist. Hier geschieht eine Koppelung, die zeigt, daß das elektromagnetische Feld eine Vermittlungsinstanz zwischen dem chemischen Feld und dem geistigen Feld ist.

TERENCE: Und zwar, weil das chemische Feld einfach eine Manifestation höherer Ordnung des elektromagnetischen Feldes ist, da die meisten dieser flüchtigen Verbindungen elektronisch sehr aktive Ringstrukturen besitzen.

RUPERT: Ja, es ist ein Resonanzphänomen.

TERENCE: Genau. Ladungsübertragung und Resonanz wirken mit, und zweifellos bioelektronische Aktivitäten noch anderer Art. Die elektronisch aktivsten Moleküle sind die Drogen, die Pheromone, die Wachstumsregler und dergleichen.

RUPERT: Diese Prinzipien müßten auch auf das Hören zutreffen. Wenn ich dich sehe, orte ich dich irgendwo außerhalb von mir, dort wo du bist. Wenn ich dich höre, orte ich den Schall auch außerhalb von mir. Ich höre nicht so, als ob die Geräusche in meiner Hörrinde auftreten würden. Ich höre sie, als ob sie um mich herum im dreidimensionalen Raum aufträten, und kann die Richtung ausmachen, aus der sie kommen. Das heißt, wir sind nicht nur umgeben von einem Feld visueller Wahrnehmungen, das von uns ausgeht und den Raum unserer Wahrnehmungen füllt, sondern auch von einem Feld akustischer Wahrnehmungen, das sich ebenfalls um uns herum befindet. Wir sind von einem Ozean von Feldern umgeben.

RALPH: Wenn du dir den Ozean anschaust, siehst du, daß er unendliche Strukturiertheit und Komplexität besitzt, und dennoch könnte er nie als Gehirn fungieren. Das Gehirn ist in seiner Neurophysiologie, wie sie sich in Versuchen zeigt, gewiß viel einfacher als der Geist. Das Gehirn kann nicht durch das elektromagnetische Feld allein wirken, auch wenn alle seine Effekte und Muster sich im elektromagnetischen Feld niederschlagen. Seine Struktur ist viel reicher als das elektromagnetische Feld, das ohne die komplexe Gehirnstruktur aus Rinden, interkortikalen Zellen, chemischen Überträgerstoffen und Ionenkanälen diese ganzen Muster nicht kontrollieren kann.

Zur Darstellung des Gehirns benötigt man eine viel mathematischere Struktur als für das elektromagnetische Feld. Das Gehirn steht dem physischen Universum viel näher als dem geistigen, deshalb ist meines Erachtens das elektromagnetische Feld zu dünn, um mehr als einen Bruchteil der gesamten Struktur des Feldes zu beanspruchen, in dem Erkennen, Gedächtnis, wie man im Tennis aufschlägt, eine neue Sprache lernt, Haikus komponiert und das alles enthalten ist.

RUPERT: Ich denke, es spielt eine gewisse Schnittstellenrolle zwischen dem chemischen, dem morphischen und dem geistigen Bereich. Dabei stellt sich folgende Frage: Wie schließt sich das elektromagnetische Feld an die quantenmechanischen Felder an, die die nuklearen Strukturen der Atomkerne und der Elektronen auf ihren Bahnen zusammenhalten? Die Struktur wird im Grund von Feldern aufrechterhalten, die in gewisser Hinsicht stärker sind als das elektromagnetische Feld und ihm in einer Weise Widerstand leisten, daß die im Kern zusammengeballten positiv geladenen Protonen nicht durch gegenseitige Abstoßung auseinanderfliegen und die negativ geladenen Elektronen nicht in den Kern stürzen. Das elektromagnetische Feld entfaltet sich als ein subtileres Feld um diese Materiefelder herum.

Ralph: Vielleicht ist das quantenmechanische Feld und nicht das elektromagnetische die Vermittlungsinstanz zwischen der physischen und der geistigen Ebene.

Terence: Aber, Ralph, wenn du den Eindruck hast, daß das elektromagnetische Feld nicht leisten kann, was Rupert von ihm verlangt, dann mußt du dem morphogenetischen Feld genauso skeptisch gegenüberstehen.

Ralph: Nein, ich bin nicht skeptisch. Ich denke, was wir versuchen, indem wir unsere wirkliche Lebenserfahrung überprüfen, ist, ein Modell für einige der von uns erlebten «paranormalen» Phänomene zu entwerfen, die die Wissenschaftler lieber völlig ignorieren. Das elektromagnetische Feld, die Geschichte seiner Darstellung, seine Hermeneutik, ist ein außerordentlich nachahmenswerter Fall. Was wir versuchen, ist, um diese Phänomene herum einen Feldbegriff zu erarbeiten. Es ist durchaus sehr reizvoll, sich das elektromagnetische Feld als eine bevorzugte Vermittlungsinstanz unter allen physischen Feldern zu denken.

Vielleicht wird das geistige Feld zuletzt ein feldtheoretisches mathematisches Modell bekommen, das viele Dimensionen hat und nur an das elektromagnetische Feld gekoppelt ist, welches seinerseits an alle anderen physischen Felder gekoppelt ist. Das ist ein Kombinationsmodell, ein Sandwichmodell, das mit Erfolg Wahrnehmung, Erkennen und die Eigentümlichkeiten der Zeit erklären könnte. Es könnte irgendwann eine allgemeine Relativitätstheorie für das geistige Feld geben, die Hellsehen und dergleichen erklären würde. Was uns zur Zeit beschäftigt, ist das Ringen um eine Sichtweise, die die Koppelung zwischen dem geistigen Feld und dem elektromagnetischen Feld einschließlich Wellenmetaphern, Teilchenmetaphern und so weiter erfaßt.

Rupert: Das stimmt. Am liebsten war mir schon immer ein Modell, in dem Wahrnehmung und Verstandestätigkeit eine feldähnliche Struktur haben; sie wären dann eine Art morphische Felder.

Ralph: Wir sollten auch an die Möglichkeit denken, daß diese Effekte, etwa das Gefühl, angestarrt zu werden, sich in Laborversuchen einfach nicht erhärten lassen. Das ist die Erfahrung, die man bereits seit vielen Jahren mit experimentellen Bemühungen, das sogenannte Paranormale zu bestätigen, gemacht hat. Wo es Beweise gibt, da scheinen die Werte immer bloß ein klitzekleines Schlenkerchen nach rechts oder links von absolut insignifikanten Werten abzuweichen.

Diese Phänomene, die wir in einem Modell einfangen wollen, scheinen nicht sehr robust zu sein. Sie kommen und gehen, vielleicht deswegen, weil sie zum geistigen Feld gehören und sehr stark dem Rauschen in diesem Feld unterworfen sind. Warum auch immer, jedenfalls sind sie sehr schwer zu bestätigen, und ich halte das selbst schon für eine Art Beweis. Einerseits haben wir den sehr weitverbreiteten Eindruck, daß diese Dinge existieren, und andererseits die Unmöglichkeit, sie in dem experimentellen Paradigma der modernen Naturwissenschaft zu bestätigen. Irgendwie scheint mir das auf die Notwendigkeit eines dickeren Modells hinzudeuten, eines reicheren Feldes für Modellbildungsversuche, wo es überall chaotische Attraktoren gibt und keine Homöostase oder etwas in der Art.

RUPERT: Der Grund, weshalb ich diese Sache überhaupt diskutieren wollte, ist der, daß ich tatsächlich nicht weiß, was ich davon zu halten habe. Wenn wir Licht und Sehen als zwei Aspekte desselben Phänomens begreifen, so führt uns das auf ein ganz anderes Gebiet zu der scheinbar metaphorischen Bedeutung von «Licht» in Ausdrücken wie «Licht des Bewußtseins». Wenn wir zum Beispiel träumen, sehen wir die Dinge in einer Art von Licht. Dieses Licht erhellt psychedelische Visionen, Träume, Tagträume und alle Visualisierungen mit geschlossenen Augen. In einem gewissen Sinne ist unsere Imagination, unsere Bildgestaltungskraft, selbstleuchtend.

Im Falle des Sehens bei normalem physischen Licht kommt erst das Licht und dann das Sehen. Wenn man das Licht abschaltet, kann man nichts sehen. Aber das Schauen im visionären Sinn, eine Vision, kann selbst Licht erzeugen – wenigstens subjektiv. Visionen sind selbstleuchtend. Wenn jemand genug Visionen hat, bekommt er, religiösen Traditionen zufolge, einen Glorienschein, und sein Körper fängt an zu leuchten.

Worauf ich hinaus will, ist folgendes: Wenn dem physischen Licht das bewußte Sehen zuzuordnen ist, könnte auch das Gegenteil der Fall sein. Bewußte bildhafte Vorstellung könnte mit Licht einhergehen.

TERENCE: Tryptamin-Halluzinogene füllen den Kopf ganz bestimmt mit Licht. Serotonin, ihr naher Verwandter in der Gehirnchemie, wird von einer durch Licht vermittelten Reaktion in Melatonin umgewandelt. Mit anderen Worten: Das Licht dringt tatsächlich durch die Augen ein, und ein Teil des Sehstrahls zweigt ab und geht zur Zirbeldrüse, wo Photonen das Serotonin einer chemischen Veränderung unterziehen und es in Melatonin verwandeln. Diese Verbindungen sind nahe Verwandte der Tryptamine, also der psychoaktiven Verbindungen, die in psychedelischen Pilzen vorkommen. Dies alles geschieht in der Zirbeldrüse, und es sind alles von Licht angeregte chemische Vorgänge.

RALPH: Dennoch sieht es so aus, als hätte dieses visionäre Sehen nichts mit dem elektromagnetischen Feld zu tun. Auch wenn diese Neurotransmitter sehr lichtempfindlich sind, ist es doch eine Tatsache, daß man im Dunkeln sehr helle Visionen haben kann. Die neurochemische Aktivität in der Sehrinde oder sonstwo ahmt den Effekt der auf die Netzhaut treffenden Photonen nach. In dem Hin-und-Her-Wechsel zwischen elektromagnetischen und chemischen Wellen auf neurophysiologischen Ebenen greifen an irgendeinem Punkt die Psychedelika ein und sorgen für das, was dem Anschein nach das Ergebnis einer vorausgegangenen Folge mehrerer

Umkehrbewegungen ist. In der Leuchterscheinung auf dieser Ebene werden die Photonen durch diesen anderen Überträger ersetzt.

Es könnte hilfreich sein, es sich so zu denken, daß die Gewohnheiten elektromagnetischer Art und das Verhalten des elektromagnetischen Feldes sich nach den Gewohnheiten des morphogenetischen Feldes entwickeln, und so die Resonanz zwischen ihnen zu erklären - wie oben, so auch unten. Das morphogenetische Feld erzeugt das elektromagnetische Feld, damit es seinen Willen tut.

RUPERT: Genau wie das elektromagnetische Feld eine Schnittstelle zwischen Materiefeldern und den geistigen, übersinnlichen und morphischen Aspekten unseres Daseins ist, könnte das elektromagnetische Feld eine ähnliche Rolle in der Struktur der Weltseele spielen. Wenn es eine Weltseele gibt, die den gesamten Kosmos durchdringt, dann wird ihre körperliche Ebene vielleicht größtenteils durch das Schwerkraftfeld ausgedrückt, während ihre eigentlich seelische Ebene durch eine Schnittstelle mit dem elektromagnetischen Feld zum Ausdruck kommt. Dieses wäre ein perfektes Medium für die Allwissenheit der Weltseele und über die Weltseele für die göttliche Allwissenheit. Alles, was geschieht, beeinflußt das elektromagnetische Feld, seine holographische Realität in jedem Augenblick ist in genauer Übereinstimmung mit dem, was geschieht. Das universale elektromagnetische Feld ist die Schnittstelle der Weltseele mit den physischen Wirklichkeitsebenen.

RALPH: Mir gefällt die Vorstellung, die das elektromagnetische Feld als ideale Vermittlungsinstanz in einer Hierachie von Feldern ansiedelt, ganz ähnlich dem Ort unseres individuellen Bewußtseins in der Bewußtsseinshierarchie der Weltseele. Wir haben in unserem individuellen Bewußtsein eine besondere Affinität zum elektromagnetischen Feld, zur elektromagnetischen Wahrnehmung, Aufnahme und so weiter, wie sie im Sehen exemplarisch zum Ausdruck kommt. Wenn es eine geistige Beeinflussung der Materie gibt, dann müßte sie beim elektromagnetischen Feld am leichtesten ansetzen können.

RUPERT: Viele Leute sind der Ansicht, daß das Universum in gewissem Sinne bewußt ist oder daß die Seele der Welt in gewissem Sinne wahrnimmt, was geschieht. Es gibt viele theologische Überlieferungen von göttlicher Allwissenheit. Wie der Name schon sagt, fordert jede Theologie göttlicher Allwissenheit, daß der göttliche Geist alles weiß, und das würde auch alle Eigenschaften und Zustände des elektromagnetischen und des Schwerkraftfeldes einschließen, sie wären ein wesentlicher Aspekt der göttlichen Allwissenheit. Mir scheint, wenn die Leute an göttliche Allwissenheit denken, dann stellen sie sich darunter etwas ganz und gar Wunderbares vor, völlig ohne jeden Zusammenhang mit der physischen Wirklichkeit. Aber göttliche Allwissenheit muß irgendwie ein Wissen von innen heraus bedeuten, eine Inständigkeit in allen Dingen. Deshalb muß die kosmische Allwissenheit das elektromagnetische Feld und sämtliche Felder der Natur durchdringen. Das ist so ähnlich wie Newtons Gedanke, das Medium der göttlichen Allwissenheit sei der absolute Raum, den er das Sensorium Gottes nannte.

TERENCE: Wieso ist göttliche Allwissenheit eine notwendige Vorstellung? Reicht es nicht, wenn das Universum sich nur zum Teil über das im klaren ist, was geschieht?

RUPERT: Ich glaube, es ist verlockend, sich Modelle der Wirklichkeit zu denken, in denen dem Kosmos ein wie auch immer geartetes Wissen beigelegt wird.

TERENCE: Wir alle haben ein wie auch immer geartetes Wissen, aber wir sind nicht allwissend.

RUPERT: Es gibt zwei mögliche Modelle. Das eine ist das Standardmodell des säkularen Humanismus, daß der menschliche Geist der höchstentwickelte im ganzen Universum ist. Nach diesem Modell ist das übrige Universum im wesentlichen unbewußt. Lebendige Organismen kriechen aus der Ursuppe in ein unbelebtes Universum hinaus, und durch die Wunder der zufallsbedingten Mutation und der neodarwinistischen natürlichen Auslese entstanden schließlich Organismen wie wir, mit komplexen Nervensystemen, die das subjektive Korrelat «Bewußtsein» haben. Das menschliche Bewußtsein ging also aus der Dunkelheit der unbelebten Natur hervor und ist das höchste Bewußtsein, das es gibt, obwohl es vorstellbar ist, daß auch auf anderen Planeten intelligente Wesen aufgetreten sind.

Das traditionellere Modell leitet das menschliche Bewußtsein von einem viel umfassenderen Bewußtsein ab, das den Kosmos durchzieht, die Erde und alles Leben auf der Erde. Unser Bewußtsein hat sich durch eine Einengung oder einen Abstieg von einem höheren Bewußtsein ergeben und ist nicht aus der niederen, letztlich unbewußten Materie aufgestiegen. Wir sind eine reduzierte Form, eine zum Ich geschrumpfte Version eines höheren Bewußtseins und nicht eine aufgetriebene Version eines niedrigeren tierischen Bewußtseins.

Ich finde die Annahme sinnvoller, daß unser individueller Geist mit einem größeren Geist in Verbindung steht und in vielerlei Hinsicht von größeren geistigen Systemen geformt wird, von Gesellschaften und Kulturen, Ökosystemen, Gaia, der Galaxis, dem gesamten Kosmos. Vielleicht von einem noch darüber stehenden kosmischen Geist.

TERENCE: Ich folge dir bis zu Gaiaseele, weil die mir eine biologische Größe zu sein scheint, keine theologische Prämisse. Einen Geist des ganzen Universums zu postulieren, erscheint mir unnötig, zumal er kaum erfahrbar sein dürfte.

RALPH: Nimm einmal an, es gäbe noch eine Gaia, einen anderen bewohnten Planeten. Er hätte seinen eigenen Gaiageist.

TERENCE: Seine Bewohner wären wie wir Bewohner des Universums.

RALPH: Zwischen unserem Gaiageist und ihrem könnte ein Dialog im Gange sein.

TERENCE: Das würde noch längst keine Theologie erfordern.

RALPH: Du projizierst die Theologie darauf wegen dem Ausdruck «göttliche Allwissenheit». Diese wiederum wird meistens mit Jahwe verbunden, dem einen Gott der Hebräer, der allwissend sein soll. Aber diese Verbindung ist unnötig. Wenn du schon einmal bis zum Gaiageist gegangen bist, kannst du sicherlich auch weiter gehen. Es gibt im Universum eine Hierarchie von Welten.

TERENCE: Ich bin nicht davon überzeugt, daß jede Stufe in dieser Hierarchie Geist besitzt.

RALPH: Das ist die Frage. Hat Jupiter einen Jupitergeist?

TERENCE: Hat das Sonnensystem einen Geist?

RUPERT: Es dürfte in jedem holistischen Modell der Wirklichkeit vollkommen naheliegend sein anzunehmen, daß Gaia so etwas wie einen Geist hat und daß dieser in den Geist des Sonnensystems eingebettet ist und dieser wiederum in den galaktischen Geist. Diese höheren Ebenen von Geist und Bewußtsein mögen für uns schwer vorstellbar sein, aber einfache logische Überlegung macht ihre Existenz wahrscheinlich.

TERENCE: Aber nicht unbedingt in einer hierarchischen Ordnung. Schließlich sind Eichhörnchen keine Teilchen von Walen.

RUPERT: Nein, nein, nein, aber Eichhörnchen stecken auch nicht in Walen drin. Eichhörnchen leben in terrestrischen Ökosystemen. Wale leben in anderen Ökosystemen, und diese beiden, das ozeanische und das terrestrische Ökosystem, sind Teile von Gaia. Die Hierarchie besteht aus einander enthaltenden Einheiten, sie ist verschachtelt. Das Sonnensystem steht nicht auf derselben Stufe wie die Erde. Es ist eine höhere Organisationsstufe, von der die Erde ein Teil ist. Die Galaxis ist eine höhere Stufe, von der das Sonnensystem ein Teil ist.

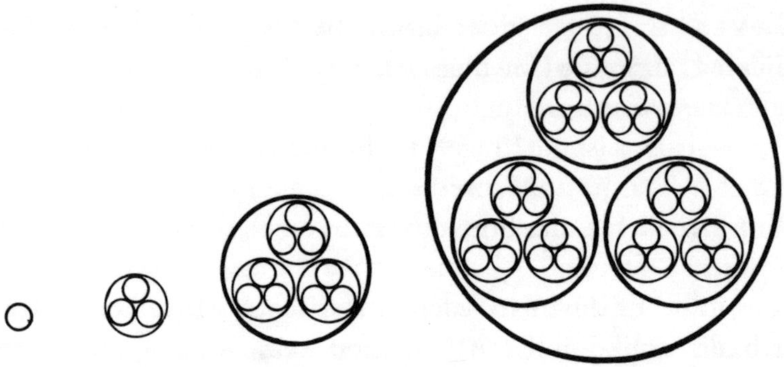

Abbildung 7. Ebenen einer geschachtelten Hierarchie von morphischen Einheiten (Holons). Holons sind auf jeder Ebene Ganzheiten, die wiederum aus Ganzheiten einer untergeordneten Art aufgebaut sind. Das Diagramm könnte zum Beispiel für subatomare Teilchen in Atomen, in Molekülen, in Kristallen stehen oder für Zellen in Geweben, in Organen, in Organismen oder für Planeten in Sonnensystemen, in Galaxien, in galaktischen «Clusters» oder für Phoneme in Wörtern, in syntaktischen Phrasen, in Sätzen.

RALPH: Wenn du einen Gaiageist anerkennst, meinst du dann, daß Jupiter einen ähnlichen Geist hat?

TERENCE: Ja. Planeten sind wie Tiere.

RALPH: Wie steht's mit dem Geist der Sonne?

TERENCE: Andere Orte im Sonnensystem scheinen sich als Träger erkennbarer Lebensformen eher anzubieten. Die Ozeane des Jupitermondes Europa beispielsweise.

RALPH: Setzt ein Geist erkennbares Leben voraus? Im Gaiageist sind es nicht nur die darin enthaltenen Lebewesen, die einen Geist haben. Das Ökosystem hat einen Geist.

TERENCE: Du willst doch nicht «Geist» so schwammig definieren, daß er nicht mehr als das erkennbar ist, was wir normalerweise unter dem Wort verstehen.

RALPH: Das ist das Problem, das gebe ich zu. Aber alle diese verschiedenen Komponenten des Kosmos scheinen genau zu unserem Denkmodell zu passen. Zu fragen, ob etwas bewußt oder unbewußt ist, ist eine andere Frage, die die Sache sehr kompliziert.

TERENCE: Ich bin auf jeden Fall der Ansicht, daß es ziemlich uninteressant ist, etwas, zu dem man keine Ich-Du-Beziehung haben kann, einen Geist beizulegen.

RALPH: Du meinst also, wenn die menschliche Spezies aussterben würde, wäre der Gaiageist auch tot?

TERENCE: Nicht toter als es jemand ist, wenn eine Bekanntschaft stirbt. Ich kommuniziere mit dem Geist Gaias.

RALPH: Warum kann dann Jupiter keinen Jupitergeist haben, ohne daß es dazu Mikroben braucht?

TERENCE: Zugegeben. Es sind diese diffuseren nichtbiologischen Systeme ... die Sonne ist eine schwierige Hürde.

RUPERT: Die Sonne hat ein sehr komplexes Resonanzmuster von Magnetfeldern, mit Zellwirbeln auf der ganzen Oberfläche. Sie ist ein komplexes System probabilistischer Turbulenzen und Resonanzen mit vollständigen Polumkehrungen alle elf Jahre ungefähr, wenn die Sonnenflecken ihre höchste Intensität erreichen. Es gibt eine physische Schnittstelle, sofern ein Geist eine physische Schnittstelle haben muß - und dazu noch eine elektromagnetische. Das Sonnensystem als Ganzes umfaßt alle Planeten, alle Schwerkraftvorgänge und das elektromagnetische Feld der Sonne, in dem alles durch Licht zum Vorschein gebracht wird. Dieses Licht schließt auch uns ein, die wir hier in diesem Raum sitzen, und alles übrige, das davon beleuchtet wird.

Wenn Licht und Sehen verbunden sind, wie wir es am Anfang dieses Trialoges überlegten, dann wird alles, was die

Abbildung 8. Das «Horus-Auge» im Großen Siegel der Vereinigten Staaten von Amerika, wie es sich auf jeder Dollarnote findet.

Sonne beleuchtet, in gewissem Sinne von ihr gesehen. Die Sonne wird in vielen Kulturen ein Auge genannt. Auf malaiisch zum Beispiel heißt die Sonne *«Mata Hari»*, das Auge des Tages. Auf dem Großsiegel der Vereinigten Staaten, das auf jedem Dollarschein zu sehen ist, findet sich das ägyptische Symbol des Horusauges, das strahlende Auge, die Sonne als sehendes Auge und zugleich als Lichtquelle.

Dies bringt uns an unseren Ausgangspunkt zurück, die Beziehung zwischen Licht und Sehen. Das Horusauge ist ein Symbol ihrer engen Beziehung, und es ist kein Zufall, daß es eines der häufigsten jener Amulette ist, die in Griechenland und anderen Mittelmeerländern noch heute benutzt werden, um den «bösen Blick» abzuwehren.

Zu allen Zeiten und an allen Orten, vielleicht mit der Ausnahme Westeuropas in den letzten zweihundert Jahren, wurde ein reger Verkehr zwischen den Menschen und den verschiedenen Typen immaterieller Geistwesen oder außermenschlicher Intelligenzen für selbstverständlich gehalten.

Terence McKenna

Geistwesen gibt es in vielen Bereichen. Es gibt die Bereiche der Toten, die Bereiche des Traums und die Bereiche der Imagination. Es gibt auch die Geister von Tieren, die Geister der Erde, des Sonnensystems, der Sterne, die engelhaften Sternenintelligenzen. Jede Pflanzen- und Pilzart hat ihre Geister, jeder mit seiner eigenen Daseinsform, seiner eigenen Art, die Welt zu sehen und zu erleben, am Ganzen teilzunehmen.

Rupert Sheldrake

Auf der Fahrt die große Kette aller Wesen entlang zur Weltseele können wir mit Dingen in Berührung kommen, die vor jeder Verbalisierbarkeit sind, die aber anscheinend Kontakt suchen und dabei lernen, in einer Sprache zu kommunizieren, die wir verstehen.

Ralph Abraham

7. *Geistwesen*

TERENCE: Die Diskussion heute vormittag wird sich um das exotische Thema immaterieller Intelligenzen und außermenschlicher Geistwesen drehen, die anscheinend ein ontologisch undefiniertes Zwischenreich bewohnen. Einerlei, welchen Status sie in der Welt haben, wenn man sich einmal die Fragen anschaut, die diese immateriellen Wesen aufwerfen, dann fällt einem als erstes ihr hartnäckiges Fortbestehen in bestimmten Erfahrungswelten und im Volksglauben auf. Dieses Phänomen ist nichts Unübliches oder statistisch Seltenes. Zu allen Zeiten und an allen Orten, vielleicht mit der Ausnahme Westeuropas in den letzten zweihundert Jahren, wurde ein reger Verkehr zwischen den Menschen und den verschiedenen Typen immaterieller Geistwesen oder außermenschlicher Intelligenzen für selbstverständlich gehalten. Das konnte einfach in der Form geschehen, daß die keltische Bauersfrau dem Feenvolk einen Krug Milch vor die Tür stellte, oder es konnte gehobenere Formen annehmen.

Der zweite Aspekt dieser Frage ist die ungeheure Mannigfaltigkeit dieser Wesen. Wir sprechen gewissermaßen über ein paralleles Taxon in einem anderen Kontinuum, wo wir Dschinns, Ifrite, Wassernixen, Steinbeißer und Gnome haben, und das ist nur eine kleine Auswahl europäisch-arabischer Phantasiegestalten. Wenn man dann noch die Griffe dazunimmt, die andere Völker und Kulturen in die Schatzkiste außermenschlicher Lebensformen getan haben, hat man ein wahrhaft gigantisches Aufgebot von sonderbaren Kreaturen, alle Ausdruck eines sehr grundlegenden Glaubenssystems, das zum Wesen der *Conditio humana* zu gehören scheint.

Bevor wir uns näher mit der Geschichte dieser Idee befassen, ist es vielleicht gut, einfach die logischen Optionen aufzuführen, die uns bei der Untersuchung solcher Phänomene offenstehen. Es sind im wesentlichen drei. Die erste ist die Auffassung, daß diese Wesen zwar selten, aber physisch sind und irgendwo zwischen den Quastenflossern und Big Foot rangieren. Es wäre denkbar, daß man sie aus dem Bereich der Mythologie in den Bereich gesicherter zoologischer Fakten umsiedelt, und in einigen recht unspektakulären Fällen wurde das auch getan. Das ist die bei weitem uninteressanteste Position. Der Yeti beispielsweise ist ein Geschöpf, das sich weigert kundzutun, ob es einfach ein seltenes Mitglied der gewöhnlichen Taxa dieses Planeten ist oder etwas ganz anderes.

Die zweite Option, die vor uns liegt, wenn wir den ontologischen Status dieser Wesen betrachten, ist die jungianische Position, wie ich sie verstehe. Zur Veranschaulichung zitiere ich einfach Jung zum Thema Kobolde und Elementargeister; der Geist, sagt er, ist ein «autonomer Komplex, ein unbewußter Inhalt, welcher dem Griff des bewußten Willens entzogen ist». Dies würde ich als das mentalistisch-reduktionistische Verständnis von immateriellen Geistwesen und Intelligenzen bezeichnen. Es besagt, daß sie in irgendeiner Weise Teile unseres eigenen Geistes sind, daß sie nur insofern existent sind, als wir sie in unserer Imagination wahrnehmen, in welchen pathologischen Formen auch immer.

RUPERT: Mit anderen Worten, die humanistische Position, daß alle Götter, Geister und so weiter bloß unsere eigenen Projektionen sind.

TERENCE: Genau. Die Theorie geistiger Projektion. «Dem Griff des bewußten Willens entzogen» – das ist ein großartiges Bild.

Die dritte und offensichtlich interessantere Möglichkeit, aber gespickt mit gedanklichen Fallstricken, ist die Auffassung, daß sie 1. nichtphysisch und 2. in ihrem Dasein irgendwie autonom sind. Mit anderen Worten, sie fristen ihr Dasein unabhängig davon, ob sie von Menschen wahrgenommen werden oder nicht. Das ist die klassische Position derjenigen, die die reichsten Erfahrungen mit diesen Wesen gemacht haben, der Schamanen, Ekstatiker und medial Veranlagten.

Diese Position stellt für das wissenschaftliche, westliche Denken eine mächtige Schranke dar. Die Vertreibung des Geistes aus der sichtbaren Welt ist während des ganzen Aufstiegs der modernen Wissenschaft ein mit großem Eifer verfolgtes Ziel gewesen. Das Eingeständnis, daß bei der Verfolgung dieses Zieles etwas so Fundamentales übersehen worden wäre wie eine sich uns mitteilende und auf diesem Planeten mitseiende intelligente Kraft, wäre mehr als gefährlich, bedeutete es doch das Versagen einer intellektuellen

Methode. Es würde den Bankrott dieser Methode so ziemlich besiegeln.

Zur Bewältigung dieses Problems hat die Wissenschaft in dem riesigen Haus ihrer Angelegenheiten eine winzige Besenkammer namens «Schizophrenie» eingerichtet und deren Untersuchung den Psychologen vorbehalten, die unter den Legionen im Haus der Wissenschaft nicht eben die angesehensten sind. Man hat ihnen gesagt: «Kümmert euch doch bitte um dieses Problem!» Was dabei herauskommt, ist dann das jungianische mentalistisch-reduktionistische Modell. Bezeichnenderweise ist die Anziehungskraft dieses bei uns vorherrschenden Modells umgekehrt proportional zu der direkten Erfahrung, die man selbst mit dem zu erklärenden Phänomen hat. Mit anderen Worten, wer jemals mit einer immateriellen Intelligenz in Berührung gekommen ist, weiß, daß dies eine erbarmungswürdig unzulängliche Beschreibung des Phänomens ist.

Bevor ich zum Schluß komme, möchte ich mir noch eine Abschweifung erlauben, um unmißverständlich klarzumachen, daß dies keine Beschäftigung von Dilettanten oder Obskurantisten ist. Wenn wir die Frühgeschichte der modernen Wissenschaft untersuchen, entdecken wir, daß einige der größten Wegbereiter und Aufrüttler in dieser Beziehung bei der Ausarbeitung der frühen Wissenschaft von Geistwesen geführt und geleitet wurden. Im Falle von John Dee, der großen Leuchte der elisabethanischen Wissenschaft, bestand tatsächlich jahrzehntelang ein reger Umgang mit Engeln und allen möglichen Wesen dieser Art.

Kein Geringerer als René Descartes, ein Begründer des modernen wissenschaftlichen Rationalismus, wurde von einem Engel auf die Bahn zu den Idealen der modernen Wissenschaft gebracht; dieser erschien ihm im Traum und sagte ihm, der Sieg über die Natur werde durch Maß und Zahl errungen. Diese Verkündung, der eigentliche Schlachtruf der modernen Wissenschaft, kam zuerst über die Lippen eines Engels! Sodann gibt es den bekannten Fall von Kekulé, dem Entdecker des Benzolrings, der im Traum das Uroborossymbol sah, die Schlange, die ihren Schwanz im Maul hält, das uralte Symbol der Ewigkeit, und der begriff, daß darin die Lösung der Frage nach der Molekularstruktur des Benzols lag, die er gesucht hatte.

Dieser Aspekt der Wissenschaft, daß viele ihrer Prämissen den Menschen aus dem verborgenen Bereich einer höheren Intelligenz zuteil wurden, fällt in ihrer eigenen offiziellen Geschichte völlig unter den Tisch. Die offizielle Geschichte erzählt vom Siegeszug des rationalen Denkens, das die dunkle Welt des Aberglaubens bezwingt.

Ich denke, wenn wir uns diese Wesen anschauen und sie zur menschlichen Gesellschaft in Beziehung setzen wollen, verstehen wollen, was sie für uns tun können, müssen wir uns dem schamanischen Modell zuwenden. Hier werden die Geister nicht nur bestimmt, sondern als «helfend» aufgefaßt, und es wird eine Symbiose zwischen uns und einer unsichtbaren Welt höherer Ziele angenommen. Genau das hat bis jetzt in der Artikulation der modernen Wissenschaft als einer gesellschaftlichen Kraft gefehlt. Es wäre eine gute Idee, jedem zukünftigen Gesellschaftsmodell alle Weisheit und Einsicht einzuimpfen, die diese Kräfte darstellen könnten.

Es wäre nicht fair zu schließen, ohne zu erwähnen, daß die Abneigung gegen das Irrationale etwas ist, das die Wissenschaft vom Christentum geerbt hat. Alle Stimmen der Natur, des Himmels und der Erde wurden vom Christentum zugunsten des Mysteriums der Dreifaltigkeit unterdrückt. Ich fasse das, was gegenwärtig vor sich geht, als eine Wiedergeburt der Elementargeister, ein Lauterwerden ihrer Stimmen auf. Dies scheint mir wesentlich mit zur ökologischen Krise des Planeten zu gehören. Der Planet versucht zu sprechen. Alles, was sich mitteilen *kann*, streckt sich der Menschheit entgegen und versucht, uns von dem ziemlich pathologischen Trip, auf dem wir seit langem sind, abzubringen und zurück in die Familie der Natur zu holen. Die Elementargeister, die Stimmen, die Eingebungen geistiger Wesen müssen sorgfältig beachtet und geprüft werden. Wir wandern in einer Wildnis umher, und hier ertönt eine leitende Stimme.

RALPH: Ich möchte gern herausgreifen, was du gesagt hast über die Unterdrückung des Irrationalen durch die Wissenschaft und die Dreifaltigkeit des Christentums, die direkt aus dem Neuplatonismus kam. Ich denke nicht an die Dreifaltigkeit von Vater, Sohn und Heiliger Geist, sondern an die von Körper, Seele und GEIST*. Körper meint hier im wesentlichen die Gaia der orphischen Dreifaltigkeit, die gewöhnliche Realität, das physische Universum der Materie und Energie. Seele meint die Überseele, die Weltseele, die Stammmutter der Einzelseelen, die in uns wohnen, GEIST meint ein elastisches Medium zwischen Körper und Seele, in etwa wie der Logos oder das morphogenetische Feld. Vielleicht bilden

* «Geist» (engl. *mind*) mit dem Adjektiv «geistig» (*mental*) wurde bisher in dem Sinne Batesons benutzt, also Geist als die selbstorganisierende Eigenschaft lebender Systeme. Insofern kann nicht nur von einem «menschlichen» Geist, sondern auch vom Geist Gaias usw. die Rede sein. Wo, wie hier, ausdrücklich vom «beseelenden Geist» (engl. *spirit*) die Rede ist, wird die Schreibweise GEIST verwendet.

immaterielle Wesen Strukturen in dem GEIST aus, der Information und Intelligenz enthält. Wir können diese als die oberste Schicht bezeichnen. Es kann eine Hierarchie dieser Formen geben, die mit dem Abstieg von der Seelen- zur Körperstufe immer anthropomorpher werden. Der GEIST ist zwischen die unendliche Komplexität der Weltseele einschließlich unserer Einzelseelen und die relative Einfachheit des Weltkörpers einschließlich unserer Gehirne geschaltet.

Ein abstraktes, erkennendes Wesen dürfte wegen der Komplexität der mehrdimensionalen Sphären der Weltseele unmöglich direkt zu erkennen sein. Wenn die Wesensstruktur jedoch herabsinkt, durch den GEIST nach unten sickert, wird sie immer einfacher und entwickelt sich immer mehr zu kognitiven Formen, die unserem menschlichen Geist in seiner Entwicklung in Resonanz mit morphogenetischen Feldern eigen sind. Auf diesen niedrigeren Ebenen wird das Geistwesen in Darstellungsformen gezwungen, die kulturbedingt sind, Feen, Dākinīs, Elementargeister und so weiter.

Das ist eine Sheldrakesche Interpretation der neuplatonischen Dreifaltigkeit Plotins, die der Überfülle von Wesenheiten im GEIST reichlich Raum bietet, genau wie Rupert den biologischen Arten reichlich Raum in den morphogenetischen Feldern schafft, die die biologische Morphogenese lenken. Dieses Modell läßt ein ganzes Spektrum verschiedener Formen zu, die im Prinzip diesselben Wesenheiten in unterschiedlichen Darstellungen sind. In der himmlischen Sphäre mögen die Geistwesen zeitlos sein, aber sie sinken auf die niedrigste Darstellungsebene herab, werden zu einer kognitiven Ordnung in unserem Bewußtsein, einer Ordnung, die von unserem fortschreitenden Paradigma abhängt, unserer Weltanschauung. Aus diesem Grunde erhält man verschiedene kulturelle Schattierungen wie etwa Elfen, Feen und das Pantheon der Götter.

Das frühe Christentum hatte dieses Modell. Die Bibel und die Apokryphen sind voll von Engeln, Erzengeln und anderen Geistwesen. Ich denke, das neuplatonische Modell ist ein Rahmen, in dem wir alle diese verschiedenen Darstellungen unterbringen könnten. Wir könnten die Heiligen aller Weltreligionen darin einbegreifen, die lokalen Gottheiten und die ganzen mannigfaltigen Erscheinungsformen geistiger Wesen. Das einem einzelnen Wesen zugeordnete Spektrum von Darstellungen wäre dann ein Archetypus, wie Jung es nannte.

TERENCE: Eine andere Gruppe von Fragen erhebt sich, wenn man glaubt, daß diese Wesen nichtphysisch und autonom sind. Bestehen Verbindungen zu uns über die Tatsache hinaus, daß wir einen gemeinsamen Kommunikationsraum haben können? Hängen sie irgendwie mit unserer Existenz zusammen, nicht in dem Sinne, daß sie davon abhängig wären, sondern irgendwie anders? Dieses ganze Reden über Seele und GEIST führt zur Frage nach dem Verhältnis der Toten zu diesen immateriellen Wesen.

Wußtet ihr, daß das Dogma des Fegefeuers nicht von Theologen in Rom in die christliche Theologie eingebracht wurde, sondern von St. Patrick, und zwar in dem Bestreben, die christliche Lehre dem keltischen Volksglauben näherzubringen? Der Feenglaube, der in Irland herrschte, als Patrick dort landete, besagte, daß die Totenseelen im normalen Lebensraum unsichtbar mit uns sind und von Leuten mit einer besonderen Begabung auch gesehen werden können. St. Patrick machte daraus den Gedanken des Fegefeuers und hatte bei der Bekehrung Irlands solchen Erfolg, daß die Theologen in Rom ihn später in das allgemeine Kirchendogma aufnahmen.

RALPH: Die Kelten kamen aus Osteuropa, wo sie mit der Wiege der Zivilisation, wie man sagt, Kontakt hatten. Die Ansicht der Unterwelt, die Patrick in den Kirchenkanon einführte, hatte babylonische, sumerische und ugaritische Vorläufer. In dem sumerischen Mythos von Inanna und Dumuzi zum Beispiel geht Inanna in die Unterwelt, um sich mit ihrer älteren Schwester Ereschkigal, der Königin der Unterwelt, zu unterreden. Diese Geschichte einer Reise ins Land der Toten ist sehr alt und hat sehr tiefe Wurzeln. Die Unterwelt als ein Aspekt der mythologischen Seite von Geburt und Tod ist eine der tieferen Schichten der mythischen Überlieferung. In einer Höhle im Irak wurden die Toten schon vor 40 000 v. Chr. mit Blumen für das Leben im Jenseits bestattet.

Das neuplatonische Modell, wonach die Leere zwischen Körper und Seele vom GEIST gefüllt wird, könnte eine Vorgeschichte haben, in der der GEIST im Bilde des Lichts vorgestellt wurde. So ergehen sich die Darstellungen von Geistwesen in Lichtmetaphern, die im einzelnen die in einer bestimmten Kultur vorhandenen Formen annehmen. Ich glaube, der Mythos von der Unterwelt als Fegefeuer, der mindestens viertausend Jahre auf die Sumerer zurückgeht, beruht auf einer Verschiebung des Leerraums zwischen uns und dem Himmel, des mittleren GEISTreiches zwischen der Erd- und der Himmelssphäre. Vielleicht hat das mit der patriarchalen Machtübernahme und der Bildung des Unbewußten zu tun oder vielleicht auch mit unserer immerwährenden Schwierigkeit, mit dem Tod umzugehen.

TERENCE: Mir kommt da der Gedanke, daß all diese immateriellen Wesen nichts als vor unseren Augen tanzende Halluzinationen wären, wenn sie nicht die Fähigkeit besäßen, uns in Sprachen anzureden, die wir verstehen können. Weil sie sprechen, belegen wir sie sofort mit einer ganz neuen Kraft und Bedeutung. Sie übermitteln von irgendwoher Informationen an uns, mit denen wir nur zu einem sehr geringen Prozentsatz etwas anfangen können.

Eine traditionelle Auffassung von Elfen und Gnomen ist, daß sie kunstreiche Handwerker sind, Meister in der Kunst der Metall- und Edelsteinbearbeitung. Der Schamanismus ist in seinen Anfängen tief von der frühen Metallurgie durchdrungen und umgekehrt, der Schmied und der Schamane sind Zwillingsbrüder, deren gemeinsames Ziel die Gewinnung von Energie aus der Materie ist. Diese «Einflüsterungen der dämonischen Bildner», wie Jung es ausdrückt, haben uns zur Selbstverwirklichung durch die Technik und vielleicht zur Selbstverwirklichung *per se* geführt.

Die Tatsache, daß diese Wesen zu uns sprechen und wir sie verstehen, bereitet dem Rationalisten großes Kopfzerbrechen. Die meisten modernen Theoretiker stempeln diesen Dialog als Schizophrenie ab, stecken ihn in eine kleine isolierte Kammer und lassen ihn da. Jedoch eine genaue Betrachtung der Geschichte der modernen Wissenschaft erweist, wie Ralph gestern bemerkte, daß das Irrationale in objektivierter Form in dem Prozeß, den wir Geschichte nennen, sehr aktiv ist. Wir geben es nur ungern zu, weil wir auf eine offizielle Philosophie der Vernunft und der Kasuistik eingeschworen sind.

RALPH: Es gibt bei uns zwei verschiedene Modelle der Informationsübertragung. Nach der horizontalen Theorie breitet die Kultur sich einfach aus. So erreichte etwa die landwirtschaftliche Revolution, die in Anatolien um 7000 v. Chr. stattfand, um 4500 v. Chr. das Gebiet von Frankreich, um 3500 v. Chr. Britannien und so weiter.

Nach der vertikalen Theorie beruhen zukünftige Entwicklung und vergangene Geschichte auf Inspiration. Wir müssen schamanische Reisen unternehmen, vertikal zum Logos aufsteigen, in die Welt des GEISTES, wo Information gespeichert ist und sich weiterentwickelt. Diese Information könnte als von einem Elementargeist kommende Belehrung begriffen werden, wie die vom Feenvolk empfangenen Unterweisungen über die Metallbearbeitung. Nach dieser vertikalen Theorie müßte das Feenvolk an vielen verschiedenen Orten zur gleichen Zeit den Menschen zeigen, wie man beispielsweise Bronze bearbeitet. Die chalkolithische Revolution könnte eine gleichzeitige Metamorphose in der gesamten bewohnten Welt gewesen sein, falls genug Menschen genug vertikale Reisen unternahmen. Leute wie Descartes und Kekulé und John Dee waren für diese vertikale Traumwelt offen und zogen aus den himmlischen Sphären Information herab, um ihre Generation mit diesem heiligen Wissen neu zu inspirieren.

Diese beiden Modelle sind vereinbar, und wir können sie in einer gemeinsamen Landkarte zusammenbringen, auf der schamanische Reisen vertikal und kulturelle Diffusionsbewegungen horizontal verlaufen. Diese Karte hat zwei Dimensionen, während die moderne Wissenschaft und ihr Paradigma nur die horizontale Diffusion zulassen.

TERENCE: Warum nahm deiner Meinung nach die moderne Wissenschaft eine so feindliche Haltung zu diesen Phänomenen ein, während sie zur gleichen Zeit einen solchen Eifer an den Tag legte, alle Erscheinungen der gewöhnlichen Natur zu katalogisieren und zu beschreiben?

RALPH: Ich weiß es nicht. Es gab einen Fall. Er fand statt in England in dem Jahrhundert zwischen John Dee und Isaac Newton. Wir können uns die ganzen Vorgänge anschauen und verstehen doch nicht viel von dem, was da in kurzer Zeit passierte. In keiner ihrer Ausformungen scheint die wissenschaftliche Aufklärung Engeln gegenüber explizit feindlich eingestellt gewesen zu sein. Newton glaubte an eine astrologische Alchemie und sprach von der Bedeutung der Sterne, der Hand Gottes und der Wirklichkeit der Dreifaltigkeit von Körper, Seele und GEIST. Descartes und Newton, denen wir die Schuld an unserem mechanistischen Paradigma geben, waren geisterfüllte Männer. Natürlich wagten sie wegen der terroristischen Unterdrückung, die in Form von Inquisitionen, religiösen Verfolgungen und Umtrieben allgegenwärtig war, nicht, offen von diesen Dingen zu sprechen. Giordano Bruno wurde in Rom an einem Ostersonntag vor einer fanatischen Menschenmenge verbrannt, weil er sich weigerte anzuerkennen, daß die Welt endlich sei. Galilei wurde aus ähnlichen Gründen gezwungen zu widerrufen.

Irgendwo in dieser Geschichte liegt der Grund für die Ablehnung des GEISTES durch die Wissenschaft. Weshalb die Kirche ihn ablehnte, ist eine andere Frage.

TERENCE: Das ganze Klima der Renaissancemagie war bestimmt von dem Bestreben, durch die Kombination zueinander passender Räucherstoffe, Mineralien und Farben Sternendämonen herabzurufen. Als der Pakt geschlossen war, erwuchs aus der Renaissance die moderne Wissenschaft.

RUPERT: Angefangen mit der astronomischen Revolution.

TERENCE: Ja.

RUPERT: Ich glaube, diese Arten von Geistwesen werden in erster Linie im Traum erlebt. Im Traum reisen wir in fremde Gefilde, wir begegnen Menschen, die tot sind oder in anderen Gegenden der Welt leben, wir geraten in seltsame Situationen und haben unvorhersehbare Erlebnisse. Unsere Träume bewegen sich in einem autonomen Bereich. Nach der reduktionistischen Theorie ist dieser Bereich ein Teil unserer eigenen Psyche. Nach der traditionelleren Theorie fahren wir aus unseren Körpern heraus und betreten die Astralebene, wie die Theosophen sie getauft haben. Manche träumen von Engelwesen. Andere haben Alpträume. Die Gestaltenfülle des Himmels erstreckt sich über viele verschiedene Regionen. Überall auf der Welt glauben die Leute, daß diese Regionen autonom sind und daß man im Traum aus seinem Körper hinaus in einen anderen Bereich fährt.

Geistwesen gibt es in vielen Bereichen. Es gibt die Bereiche der Toten, die Bereiche des Traums und die Bereiche der Imagination. Es gibt auch die GEISTER von Tieren, die GEISTER der Erde, des Sonnensystems, der Sterne, die engelhaften Sternenintelligenzen. Jede Pflanzen- oder Pilzart hat ihre GEISTER, jeder mit seiner eigenen Daseinsform, seiner eigenen Art, die Welt zu sehen und zu erleben, am Ganzen teilzunehmen.

Alle diese Wesen sind Teil der schamanischen Fauna: die

Wolfgeister, Krähengeister, diese ganzen Tiergeister, die Pflanzengeister, die Naturgeister, Wassergeister, Berggeister, Baumgeister. Wenn du in schamanischer Trance zum Falken wirst, dann fliegst du wie ein Falke, du siehst wie ein Falke, du gewinnst das Daseinsgefühl eines Falken. GEISTER dieser Art sind biologisch gegründet, und die Engelwesen sind mit wirklichen Sternen und Planetensystemen und Galaxien verknüpft. Der ganze Bereich ist ein System von Intelligenzen, die in diesem oder jenem Sinne einen körperlichen Aspekt haben oder irgendwann einmal verkörpert waren.

Ist dies alles in körperlichen Aspekten verwurzelt? Oder gibt es einen freischwebenden, ganz abgesonderten Bereich von Geistwesen völlig autonomer Art?

TERENCE: Vielleicht durchläuft alles irgendwann einmal das stoffliche Dasein, und dieser Durchgang ermöglicht ihm sein ewiges Dasein in einem lebendigen, aber immateriellen Bereich reiner Formen. So gesehen, wäre das biologische Dasein voll von Verheißungen der Unsterblichkeit.

RALPH: Ich würde eher von Tierseelen als von Tiergeistern sprechen und das Wort «Seele» dem letzten Ende der großen Kette des Seins vorbehalten. «GEIST» ist so etwas wie ein allverbindendes elastisches Medium. «GEIST» kann die Bahn unserer Traumreisen oder schamanischen Reisen sein, weil wir außerstande sind, in unserem Normalbewußtsein bis ganz zur Seele emporzuschwingen. Auf der Seelenebene ist alles verbunden und alles eins, wie in der Überseele von Emerson und Thoreau. Dieses große himmlische Ganze begibt sich in die stoffliche Welt, indem es ein Stück von sich abspaltet, das sich dann in der Materie inkarniert. Nach die-

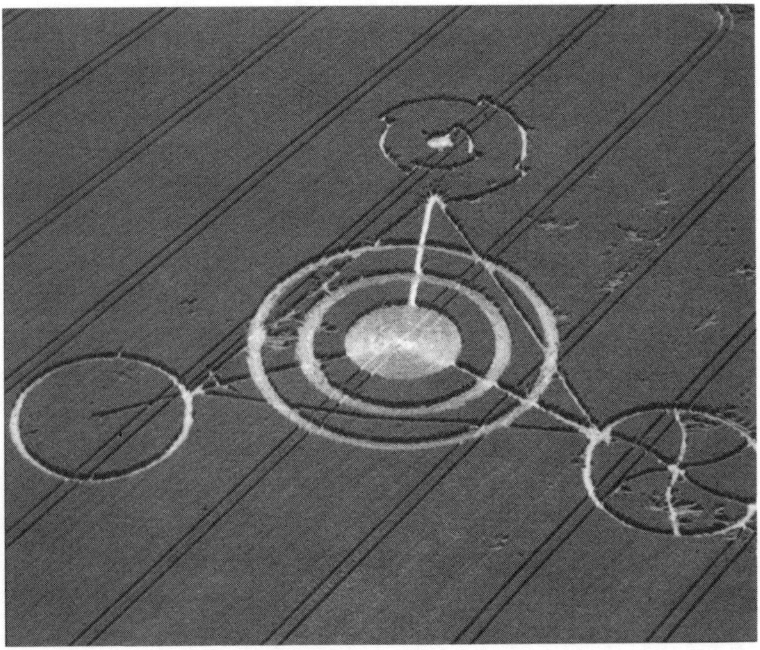

Abbildung 9. Einer der «Kornkreise», wie sie in den letzten Jahren in englischen Kornfeldern aufgetreten sind. Einige Kornkreise sind inzwischen als Fälschungen entlarvt worden. Es gibt inzwischen jedoch rund 2000 solcher Gebilde von unbekannter Herkunft, welche Merkmale aufweisen, die sich von denen der eher groben Fälschungen deutlich unterscheiden. Sind diese Kornkreise Glyphen einer Zeichensprache, mittels derer Gaia mit dem Menschen zu kommunizieren versucht?

ser Auffassung, die das A und O der hermetischen Tradition ist, hat alles Seele und sind Seelen das Bleibende. Die Wohnung, die sie in einem Tier, einem Stein oder einem Baum nehmen, ist nur vorübergehend.

Mit dieser hermetischen Auffassung können wir uns selbst und unsere Geschichte vielleicht am besten verstehen. Von der Warte der Weltseele aus ist die Geschichte ein Prozeß der Morphogenese. Die Inkarnation ist die Materialisierung der Form, der geistigen Wesenheit, im Körper. Zwischen Seele und Körper besteht eine morphische Resonanz. Der GEIST ist der Daseinsraum der vielen Wesenheiten, die abgeteilte Aspekte morphischer Formen sind. Die Interaktion zwischen diesen verschiedenen Ebenen ist als ein resonierendes Wellenphänomen beschrieben worden.

Wenn die ganze Lebensgeschichte Gaias auf diese hermetische Art betrachtet wird, könnte es möglich sein, wieder mit der Weltseele in Fühlung zu kommen und von ihr in die Zukunft geleitet zu werden. Auf der Fahrt die große Kette aller Wesen entlang zur Weltseele können wir mit Dingen in Berührung kommen, die vor jeder Verbalisierbarkeit sind, die aber anscheinend Kontakt suchen und dabei lernen, in einer Sprache zu kommunizieren, die wir verstehen. Die Kornkreise in England zum Beispiel sind anscheinend so etwas wie ein Zeichensystem, mit dem die Kornfelder als Organismen in der Gaiaseele zu uns zu sprechen versuchen, indem sie Stückchen für Stückchen ein Alphabet entwickelt, so wie wir einst die Keilschrift.

TERENCE: Wenn dabei kein Wind ginge ... Wäre es nicht großartig, dabeizustehen und zuzusehen, und man könnte spüren, daß die Luft still ist, und würde dennoch sehen, wie das Getreide sich Halm für Halm umlegt. Dann würde man verstehen, was dahinter ist. Es ist die Erde.

RUPERT: Wenn sich herausstellen würde, daß die Kornkreise tatsächlich das sind, für was die linientreueste Richtung rationalistischer Erklärer sie hält, nämlich extrem lokale Wirbelwinde, dann könnte es immer noch die Weltseele sein, die da mit uns kommuniziert. Plötzlich haben Wirbelwinde völlig neue Konzentrationsformen bekommen und schreiben neue Muster. Es steht ein GEIST hinter den Wirbelwinden, der wirklich etwas ausdrückt, wie es viele Traditionen immer geglaubt haben.

RALPH: Gaia ist jedes Schreibzeug recht, das sie finden kann. Wenn Wind nötig ist, wenn elektromagnetische Felder nötig sind, dann sei's drum.

TERENCE: Die Spiralform des Wirbelwindes ist wahrscheinlich eine extrem komplex organisierte Wesenheit, ein Ausdruck der geordneten Morphologie der Galaxis, ähnlich der DNS. Vielleicht eine höhere Form des Lebens, aber immer noch manifestiert in der Energieform der Spirale. Genau wie frühe Wissenschaftler in ihren Überlegungen von Gesprächen mit Geistwesen geprägt wurden, so stehen wir vielleicht auf der Schwelle zu einem Kommunikationsdurchbruch. Um mit den unsichtbaren Wesenheiten hinter den Kornkreisen gewissermaßen zu einem Umgang und zu Verträgen und einem Austausch von Patenten zu kommen, müssen wir vielleicht alles daransetzen, was wir gelernt haben. Vielleicht können wir mit Hilfe der Differentialrechnung und der Theorie hyperfeiner Reaktionen einen anderen Vertrag ausarbeiten als damals, wo wir uns nur auf die Blasrohr- und Kanuherstellung verstanden.

RUPERT: Da kommt dann die mathematische Modellbildung ins Spiel.

RALPH: Ich habe ein mathematisches Modell für die Weltseele, den GEIST und den irdischen Körper im Kopf, das ich gern als Videospiel in Einkaufspassagen zeigen würde, oder in Disneyland. Die schlechten Gewohnheiten der Wissenschaft in den letzten vierhundert Jahren haben uns leider in der Folge um ein solches mathematisches Modell gebracht. Unser Verständnis der materiellen Welt, Gaia, oder des Universums, des All-Körpers, ist weiter fortgeschritten als unser Verständnis von Geistern, Feen, Engeln oder der Seele.

TERENCE: Ich frage mich, wie genau und zuverlässig die Beschreibungen sind, die in den letzten zweihundert Jahren von den Okkultisten zusammengetragen wurden. Was mich verdutzte, als ich zum erstenmal A. E. Waites *Ceremonial Magic* las, war die Klassifikation von Geistwesen als Leutnants, Generäle, Majore. Jedem wird sein entsprechendes Metall zugeordnet, jedes hat sein eigenes Siegel, jedem wird ein ganz bestimmtes geweihtes Räucherwerk dargebracht.

RALPH: A. E. Waite ist ein ausgezeichnetes Beispiel für die hermetische Auffassung des morphogenetischen Feldes, des GEIST- oder Logosfeldes, als eines elastischen Mediums zwischen dem Körper und dem Ende der großen Kette aller Wesen, der Seele. Sein Modell hatte er von der John Dee zuteil gewordenen Offenbarung einer älteren Magie, urpsrünglich aus dem Schrifttum der vorchristlichen Juden und Chaldäer in Jerusalem und Alexandria. Den Merkaba-Mystikern zufolge gibt es acht Himmel, die man sich als konzentrische Sphären vorzustellen hat. Im achten Himmel sitzt Gott in seiner eigenen Burg, und es gibt einen Wagen dorthin, bei dem die Räder an allen möglichen Stellen sitzen. Der Wagen wird gehalten von einem Wesen mit vier Gesichtern, die in die vier Himmelsrichtungen schauen. Um den Wagen zu besteigen, gibt es vier Tore, jedes mit acht Wächtern, auf jeder Seite vier, mit Paßworten und besonderen Zeichen.

RUPERT: Aber wie sehen unsere persönlichen Erfahrungen mit Geistwesen aus? Habt ihr jemals wirklich eines gesehen? Könnten wir versuchen, eines zu sehen, indem wir eine passende Zeremonie oder Beschwörung in einem aufnahmebereiten drogeninduzierten oder meditativen Zustand durchführen? Wenn es Sternengeister gibt, wie ich es durchaus für möglich halte, dann können wir sie höchstwahrscheinlich durch magische Praktiken unterschiedlicher Art herbeirufen. Dazu müßte man die Sterne wirklich anschauen, man könnte nicht nur nach Büchern gehen. Man müßte den Himmel anschauen und über das Sehen wirklich Verbindung mit den Sternen aufnehmen. Was für Informationen würden solche Wesen uns geben? Wir wissen, daß in den Hochkulturen des Altertums weitverbreitete Anschauungen über die besonderen Eigenschaften der diversen Sterne bestanden. Die meisten Berichte von Engeln beschreiben diese als unzählig wie die Sterne. Die Verbindung zwischen Engeln und Sternen wird in der christlichen Tradition ganz ausdrücklich hergestellt.

TERENCE: In einem aufnahmebereiten drogeninduzierten Zustand wimmelt es um einen herum nur so von Sternendämonen, Erdengeln und was nicht noch allem.

RUPERT: Wissen wir mit Sicherheit, daß es Sternendämonen sind? War das Erlebnis eines Dämons für dich jemals mit dem direkten Anschauen des ihm zugehörigen Sternes verbunden?

RALPH: Wir alle haben diese Erfahrung in begrenztem Umfang. Der Sternenhimmel hat eine gewisse Ähnlichkeit mit einem Rorschachtest. Es gibt da eine Menge Punkte, die auf mehrerlei Art verbunden werden können. Eine Tradition, sie auf diese oder jene Art zu verbinden, ergibt eine bestimmte Astrologie, eine Sternenmythologie, ein Sternbild. Piktogramme, Felsbilder und Höhlenmalereien haben auch Sternbilder zum Gegenstand. Die griechischen Mythen werden in den Sternbildern an das Firmament projiziert. Das Wort «Mythos» bedeutet eigentlich das Wort, den Text der Ritualgesänge. Die Mythen gewannen den Einfluß, den sie heute auf unser bewußtes und unbewußtes Leben haben, durch ihre sekundäre Rolle in Ritualen. Die alten Rituale waren im Grunde Techniken, die himmlischen Formen aus der Seele durch den GEIST hinunter in den Körper zu bringen. Dadurch hatte die Sternenmagie einen förderlichen Einfluß auf unsere Entwicklung, und so weit können wir sicher sein, daß es Sternendämonen gibt.

TERENCE: In unserer Kultur haben wir den Trend, in Städte zu ziehen und so die Natur von uns fortzuschieben. In geistigen Dingen machen wir das gleiche. Die meisten

Leute leben mit einer bestimmten Menge sehr konventioneller Meinungen, die tief in eine größere Menge von Meinungen eingebettet sind. Wenn wir äußerlich an die Grenze gehen, in die Wüste, in den Urwald, in die wilde Natur, und wenn wir innerlich an die Grenze gehen, mit Meditation, Träumen und Psychedelika, dann entdecken wir in der Imagination eine außerordentlich reiche Flora und Fauna. Dieser Bereich bleibt im allgemeinen unbeachtet wegen unserer Tendenz, in Worten zu sehen, in Worten zu bauen, dem tosenden Ozean der Phänomene, der unsere Metaphern völlig zunichte machen würde, den Rücken zuzukehren.

RUPERT: Auf die Frage: «Was hat diese Blindheit verursacht?», könnten wir antworten, der mephistophelische GEIST der Wissenschaft sei schuld daran. Um das 17. Jahrhundert etwa kann man dieses Bewußtsein eines satanischen GEISTES aufkommen sehen, wie Milton ihn in *Paradise Lost* zeichnet, wo eine ganze Taxonomie verschiedener Dämonen und gefallener Engel gegeben wird, die als bösartige Kräfte wirken, etwa Mammon, der Dämon der Habsucht. Die Erzsünde Satans und der anderen gefallenen Engel wie Mammon ist der Hochmut, die Abwendung von Gott zugunsten der Selbstgenügsamkeit. Das ist der Anfang der ganzen humanistischen Illusion, die sich von der Welt des GEISTES abwendet und den Menschen für selbständig erklärt. Von diesem Standpunkt aus werden alle Götter, Dämonen und Geister zu Projektionen der menschlichen Seele, woraus dann ein anthropozentrisches Universum entsteht.

TERENCE: Der Mensch wird als Maß aller Dinge ausgegeben.

RUPERT: Das ist Humanismus. Die alternative Tradition des Animismus, der die lebendigen Geister und Seelen der ganzen Natur anerkennt, ist dem Humanismus zutiefst zuwider, und doch ist sie der gemeinsame Grund aller menschlichen Zivilisation. Wie in Goethes *Faust* verkauft der paradigmatische Wissenschaftler dem Teufel seine Seele, um dafür unbegrenzte Wissens- und Machtfülle zu bekommen. Der leitende Geist der modernen Wissenschaft ist dem Faustmythos zufolge ein satanischer Dämon, ein gefallener Engel namens Mephistopheles.

Wie ernst müssen wir den Gedanken nehmen, daß unsere ganze Gesellschaft und Zivilisation von einem solchen Geist besessen ist, dem wir mit Geld und Macht huldigen? Milton beschreibt Mammon in *Paradise Lost* so:

> Denn selbst im Himmel war sein Blick und Sinn
> Nach unten stets gekehrt, bewundernd mehr
> Des Bodens Täflung von gediegnem Golde,
> Als daß er Heil'ges oder Göttliches
> Beseligt anschaut'. Er hat auch zuerst
> Die Menschen angeleitet und verlockt,
> In ihrer Mutter Erde dunklem Schoß
> Nach besser dort verborgnen Schätzen frech
> Mit gier'ger Hand zu wühlen.
> *[dt. Übersetzung von Bernhard Schuhmann]*

Hier haben wir eine genaue Beschreibung unserer ganzen Zivilisation. Wie weitgehend leiten und pervertieren gefallene Engel tatsächlich den Fortschritt von Wissenschaft und Technik? Wird zwischen guten und bösen Engeln ein großer Krieg auf Erden ausgetragen? Wir wissen kaum, wie wir über solche Möglichkeiten denken oder reden sollen, da sie den offiziellen, gängigen Modellen der westlichen Geschichte so grundfremd sind.

TERENCE: Um auf das Thema immaterieller Wesenheiten zurückzukommen: Mir geht immer wieder diese Sache mit der Sprache durch den Kopf. Es ist, als ob das Feld der Sprache selbst für die Kommunikation mit diesen Wesen bestellt werden müßte. Im Westen hat es eine eigentümliche Verhärtung der Sprache gegen die Fähigkeit gegeben, als entsprechendes Ausdrucksmittel zu dienen, und sie fängt erst jetzt langsam an abzubröckeln.

RALPH: Das stimmt. Wir müssen unsere Sprache mißbrauchen, wenn wir nur über diese Dinge reden wollen.

TERENCE: Die Linearität in Druck und Denken hat die Sprache unfähig gemacht, sich in irgendeiner sinnvollen Art mit der unsichtbaren Welt zu befassen, höchstens pathologisierend. Jetzt kommt diese Welt durch Leute wie uns, die in jeder Welt einen Fuß haben, wieder zur Sprache.

Der menschliche Geist wird sowohl von den vielen im eigenen Selbst geahnten Wesenheiten heimgesucht als auch von einem verwirrten Selbstgefühl. Überall, wo wir uns in der Welt der Natur und der Psyche hinwenden, stoßen wir auf Leben, Beseeltheit und eine Kommunikationsbereitschaft, die die heikle Pyramide der Abgrenzungen und Werte ins Wanken bringt, die sich durch die Abtötung unserer Intuitionen im Laufe der historischen Zeit herausgebildet haben.

Ich bin zu der Position gelangt, daß diese Wesen, auf die

wir stoßen, nichtphysisch und irgendwie autonom sind. Ralph, so wie ich ihn verstehe, akzeptiert diese Auffassung, aber verankert sie in der neuplatonischen Dreifaltigkeit von Körper, Seele und GEIST. Von diesem Standpunkt aus sind diese Wesen Bewohner des Logosbereiches. Sie sind der sich selbst reflektierende und artikulierende Logos. Rupert weist richtig darauf hin, daß wir Geistwesen am häufigsten im Traumreich begegnen, und er meint weiter, daß hinter diesen Geistwesen die Kontrollinstanz der Weltseele steht. Seiner Ansicht nach kommuniziert die Weltseele durch die Hervorbringung von Formen, die wir als Gebilde einer ansonsten unsichtbaren und mythologischen Welt deuten, tatsächlich mit den Menschen.

Unser kollektiver Schluß ist offenbar, daß die Natur, sowohl im ganzen als auch in vielen Teilen, auf magische Weise selbstreflektierend und bewußt ist. In ihrer seelenvollsten Ausdrucksform spricht die Welt zu uns, und wir als wissenschaftliche Rationalisten sind perplex. Dennoch ist es an uns, unsere Modelle und Theorien nach der Welt zu gestalten, wie sie sich in der unmittelbaren Erfahrung zeigt, nicht wie wir sie in irgendeiner großartigen und sterilen Abstraktion haben wollen. Die Elfen und Gnome sollen uns daran erinnern, daß wir, was das Verständnis des Selbst betrifft, noch nicht über den Laufstall im Kinderzimmer der Ontologie hinaus sind.

Offensichtlich geht es bei der Resakralisierung von Raum und Zeit nicht nur um die Anerkennung der Heiligkeit von Kirchen und Kathedralen und von traditionellen Festen, sondern um die Anerkennung der Wichtigkeit heiliger Stätten überall, heiliger Stätten aller Art - heilige Brunnen und Quellen, heilige Berge und Haine, alte heilige Höhlen, die heiligen Stätten der Megalithzeit. Dazu gehört auch eine viel animistischere Version von Christentum und Judentum, ein Vorgang, den ich mir mittlerweilen gern als das «Grünwerden» Gottes vorstelle.

Rupert Sheldrake

Wir brauchen ein vereinigendes Prinzip, einen vereinigenden Attraktor. Der Kernpunkt ist eine *tatsächliche* Verbindung mit dem Heiligen. Ich glaube nicht, daß wir eine archaische Erneuerung bekommen, indem wir einfach zurückgehen. Wir müssen unsere Archäologie des Wissens zu dem Punkt treiben, wo wir das Wesen dessen begreifen, was damals geschah, und es dann in moderne Formen umsetzen.

Ralph Abraham

Das Ziel der Wissenschaft sollte in einem Mehr an Verständnis liegen, nicht nur in einem Mehr an Technik. Wir müssen uns mit den Anwendungen zurückhalten und erst einmal assimilieren, was wir auf dieser Ebene wissen, dürfen nicht gnadenlos die Anwendung immer weiter treiben. Das ist Gewalt. Vergewaltigung.

Terence McKenna

8. *Die Wiederheiligung der Erde*

RALPH: Die Geschichte meiner religiösen Erziehung könnte als Einführung in unsere Diskussion über die Resakralisierung der Erde geeignet sein.

Meine Eltern kamen beide aus jüdischen Verhältnissen. Meine Mutter ging vor der Heirat regelmäßig zur Synagoge in ihrer Stadt. Mein Vater hatte keine Verbindung zu jüdischen Traditionen, da seine Eltern in ihrer Jugend aus New York nach Vermont aufs Land gezogen waren. Jüdische religiöse Dinge wurden bei uns zu Hause nie erwähnt, weil er, glaube ich, eine Abneigung gegen jede Form organisierter Religion entwickelte. Hin und wieder wollte es der Zufall, daß ich während eines Gottesdienstes in der Kirche saß, und dann schaute ich mich nach den anderen Leuten um, die den Kopf senkten, wenn man es ihnen sagte, und dachte: «Ich bin der einzige, der nicht die Augen niederschlägt; ich bin der einzige, der diesen Kram nicht glaubt.»

Mein Vater machte sich so etwas wie eine eigene Religion zurecht, in deren Mittelpunkt die Familie stand und ein Begriff von Liebe, der ziemlich abstrakt war. Er sagte immer,

Liebe sei alles. Er war erklärtermaßen der Meinung, daß es besser sei, mit der Praxis der Religion erst als Erwachsener anzufangen, wenn man sich das religiöse Grundlagenwissen verschaffen kann, das man will, und alle Religionen unvoreingenommen prüfen kann. Ich habe niemals alle unvoreingenommen geprüft und mich auch nicht für eine oder keine entschlossen; es war mir schlicht und einfach egal.

Praktisch jeder, den ich kannte, ging in irgendeine Kirche oder war in einer groß geworden und hatte sich dann in aller Form von ihr losgesagt. Sie bestätigten mich in der Meinung, daß in keiner dieser Kirchen etwas von einem besonders überragenden heiligen Wissen zu merken sei. Schließlich kamen die sechziger Jahre, und mit LSD machte ich, wie ich heute sagen würde, meine erste religiöse Erfahrung. Wie viele Leute in dieser Zeit dachte ich sofort, daß dies eine religiöse Erfahrung im *wahren* Sinne von Religion sei.

Allerlei historische Lektüre brachte mich zu der Einsicht, daß es in der Vergangenheit tatsächlich einmal ein heiliges Wissen in den Kirchen Europas gegeben hatte. Es war verkörpert in Bauwerken und Musik und in der westlichen Welt erst vor relativ kurzer Zeit erloschen. Aber in den sechziger Jahren ging es vor allem um Politik, deshalb waren das damals bloß müßige Gedankenspiele. Als ich in den Siebzigern nach Indien kam, merkte ich, daß dort die Austreibung des Heiligen aus der organisierten Religion nicht stattgefunden hatte. Statt dessen fand ich eine lebendige Tradition vor, die mir den Eindruck machte, heilig zu sein.

Als ich aus Indien nach Kalifornien zurückkehrte, ungefähr zu der Zeit, als ich Terence kennenlernte, machte ich mir Gedanken über die Möglichkeiten, die westliche Tradition wiederzubeleben. Auch andere verbreiteten sich darüber, vor allem Leute, die sich mit Yoga oder mit den Adepten des Mittelalters und der Renaissance beschäftigten; auch von den Theosophen kamen Einflüsse, aus alchemistischen Studien und so weiter. Damals, 1972, gab es eine deutliche Trennung zwischen politischer Aktivität und Bestrebungen, den Verlust des Heiligen in der Religion wieder rückgäng zu machen. Mit der Zeit setzte sich die Ansicht durch, eine Grundursache der politischen Probleme in der Welt sei der Verlust unserer Verbindung zum Heiligen innerhalb und außerhalb der organisierten Religion. Als dieser Zusammenhang hergestellt war, gab das einen neuen Anstoß zu politischem Engagement.

Es gibt verschiedene Theorien vom Bösen und den Ursachen der globalen Probleme. Wegen der Stärke der direkten Erfahrung, die ich mit dem Heiligen gemacht habe, war und ist die Desakralisierung meine Lieblingstheorie. Ich glaube, das Wichtigste, was wir tun müssen, um die Welt zu retten, oder wenigstens um Hoffnung in dieser Richtung haben zu können, ist die Neuanknüpfung an das Heilige; der fallengelassene Faden dieser Verbindung muß für einen größeren Teil der Menschheit wiederaufgenommen werden. Dieses Programm nenne ich «die Wiederheiligung der Erde».

Soweit ich weiß, gibt es nur wenige Vorschläge zu direktem Handeln in dieser Richtung. Einer davon ist die Wiederaufnahme von Ritualen, die bei einigen Stammesvölkern noch gepflegt werden, etwa schamanische Riten. Ein anderer ist die Wiederbelebung der christlichen Religion, indem man die Leute wieder in die wunderbaren Kirchen der Welt hineinzieht. Diese sind nicht nur durch ihre bauliche Gestalt überaus geeignet zur Übermittlung des heiligen Fadens, sondern auch durch die Tradition, das morphische Feld unserer

Verbindung zum Heiligen. Wir können durch eine Archäologie des Wissens das fehlende Bindeglied wiedereinsetzen. Wir können versuchen herauszufinden, wann und aus welchem Grund das Licht ausging, und das Glied neu zu schmieden.

Ein dritter Vorschlag wäre, daß wir im Rahmen der modernen Gesellschaft bleiben, aber außerhalb der organisierten Kirchen, die dann durch eine gleichwertige Institution zu ersetzen wären, vielleicht verankert in den heiligen Kunstformen der Musik, der Architektur und der Malerei. Ein vierter Gedanke, dem wir alle vielleicht zuviel Beachtung geschenkt haben, ist die Wiederbelebung der Wissenschaft. Er geht davon aus, daß die Wissenschaft die traditionelle christliche Mythologie durch ihre Ersatzmythologie verdrängt hat und daß Schwächen in dieser Mythologie die Wurzel des Übels sein könnten.

Ein fünfter Gedanke dreht sich um die Wiederherstellung der Partnerschaftsgesellschaft. Die Arbeit von Leuten wie Riane Eisler macht deutlich, daß die Desakralisierung und Entseelung der Kirche und der organisierten Religion mit der Festschreibung patriarchaler Werte in der organisierten Religion zusammenhängt. Das ist eine natürliche Folge aus der mechanistischen Tendenz von Herrschaftsgesellschaften.

Ich glaube nicht, daß jeder psychedelische Drogen nehmen oder schamanische Erfahrungen im Amazonasurwald machen sollte, um seine Verbindung zum Göttlichen neu zu begründen. Allerdings könnte den Kirchen und ihren Ritualen neues Leben eingehaucht werden, wenn sich bestimmte Priester darauf spezialisierten, diese direkte, gnostische Verbindung aufrechtzuerhalten. Die Schwäche der wissenschaftlichen Mythologie könnte dann dadurch überwunden werden, daß man die wissenschaftliche Weltanschauung der erweiterten kirchlichen Anschauung irgendwie eingliedert. Es gäbe einen Synkretismus zwischen der neopaganistischen und der jüdisch-christlichen Tradition, der die patriarchale Schwäche der letzteren wettmachen und mit der Stiftung eines neuen Testamentes der Offenbarung wieder zu ihrem Recht verhelfen würde.

Kurz und gut, ich suche nach etwas, das über die Wertvorstellungen der Vergangenheit hinausgeht, die Grundlage für ein Programm in der Gegenwart, in dem die Resakralisierung der Kunst und Musik ein integraler Bestandteil wäre.

TERENCE: Du hast also eine archaische Erneuerung im Sinn: die Wiederaufnahme von Ritualen, die Wiederbelebung der bestehenden Religion mit Feminismus und neuer Partnerschaft als zusätzlichen Elementen. Allerdings scheinst du manchmal über die Wiederbelebung von Formen aus dem 15. und 16. Jahrhundert zu reden und manchmal über etwas viel weiter Zurückliegendes. Alles, was du über Musik und Kirchen sagst, ist einigermaßen neueren Datums.

RALPH: Diese Dinge sind über einen Zeitraum von zehntausend Jahren verlorengegangen. An eine Wiederherstellung in der ursprünglichen Form ist da nicht zu denken. Kann sein, daß wir heute zur Video- und Filmtechnik greifen müssen. Eine echte Partnerschaft in die Kirche einzubringen hätte den Wert, daß wir sie nicht ersetzen müßten, bloß weil sie seit viertausend Jahren auf dem falschen Dampfer ist.

RUPERT: Es freut mich, das von dir zu hören, Ralph, denn das ist etwas, was ich schon von einem anderen Standpunkt aus formuliert habe und dem ich zu folgen versuche. Als praktizierendes Mitglied der anglikanischen Kirche bin ich selbstverständlich der Ansicht, daß die traditionelle Kontinuität der Institution etwas Wertvolles ist. Ich glaube auch, daß es einen Weg vorwärts gibt. Die organisierte Religion ist heute offensichtlich auf einem historischen Tiefstand angelangt, und das erzeugt eine außergewöhnliche Offenheit und Veränderungsbereitschaft.

Praktisch alle gotischen Kathedralen sind nach wie vor in Benutzung: Noch immer gibt es darin jeden Tag heilige Gesänge und werden die verschiedenen Gebete des Kirchenjahres gesagt, wie es in großen Tempeln immer der Fall war. Diese ununterbrochen benutzten Stätten sind seit vielen Jahrhunderten heilig. Die großen Kathedralen sind wie die alten Tempel Abbilder des Kosmos. In den meisten gotischen Kathedralen gibt es «Grüne»: überall auftauchende geheimnisvolle Vegetationsgötter, aus deren Körper Blätter sprießen. Viele der großen Kathedralen sind Unserer Lieben Frau geweiht, die im Mittelalter oft als Weisheit erscheint, Sophia. In ihren Fenstern haben sie geometrische Muster: dreifältige, vierfältige und fünffältige Mandalas. Es gibt Fensterrosen mit ungemein komplexen psychedelischen Mustern und Farben. Indem wir uns in den Geist dieser Kathedralen versenken, können wir den Anschluß an die heiligen Stätten Europas wiederfinden.

Abbildung 10. «Grüner Mann» aus dem Bamberger Dom (13. Jahrhundert). Solche Vegetationsgötter, die von einem animistischen Verständnis der Natur künden, finden sich in vielen gotischen Kathedralen.

Ein anderer wichtiger Weg dazu ist das Feiern von Festen und die Sakralisierung der Zeit. Einige Juden, die ich kenne, sind dabei, die Tradition des Sabbats wiederaufzufrischen: das Anzünden der Kerzen am Freitagabend und die Anrufung der Schechina, der weiblichen Gegenwart Gottes im Hause, in der Welt und im ganzen verkörperten Dasein.

Die Sakralisierung der Zeit ist eine Möglichkeit, wie wir wieder an religiöse Traditionen anschließen können. Der wichtigste Aspekt dabei ist meines Erachtens – darin stimme ich mit Terence überein, wenn er von der archaischen Erneuerung spricht –, die vorschristlichen Wurzeln bestehender Formen und Feste zu finden, die deren Zeitpunkte und Grundgedanken bestimmen. So verankern wir die neue Religion in der alten. Es gibt einen ununterbrochenen lebendigen Überlieferungsstrang, der bis auf die vorchristlichen schamanischen Gesellschaften Europas und die vorjüdischen schamanischen Gesellschaften des Nahen Ostens zurückgeht.

Dies ist eine Verbindung, die einem noch etwas geben kann; jedenfalls gibt sie mir etwas. Offensichtlich geht es bei der Resakralisierung von Raum und Zeit nicht nur um die Anerkennung der Heiligkeit von Kirchen und Kathedralen und von traditionellen Festen, sondern um die Anerkennung der Wichtigkeit heiliger Stätten überall, heiliger Stätten aller Art – heilige Brunnen und Quellen, heilige Berge und Haine, alte heilige Höhlen, die archaischen heiligen Plätze der Megalithzeit. Dazu gehört auch eine viel animistischere Version von Christentum und Judentum, ein Vorgang, den ich mir mittlerweile gern als das «Grünwerden» Gottes vorstelle. Theologen wie Matthew Fox haben eine verborgene Ader in der jüdisch-christlichen Tradition freigelegt, die ein neues Keimen und Treiben eines christlichen und jüdischen Animismus rechtfertigen und fördern könnte.

RALPH: Aber wäre so etwas möglich? Ich bin mir da nicht so sicher.

TERENCE: Marshall McLuhan meinte, es sei unvermeidlich. Er war der Ansicht, der Übergang von einer Lesekultur des phonetischen Alphabets, die es bei uns noch bis in die vierziger Jahre gab, zur elektronischen Kultur würde das Verhältnis der Sinne zueinander beeinflussen. Das von den elektronischen Medien geschaffene neue Verhältnis wäre dem ähnlich, das im mittelalterlichen Europa vor der Erfindung der Druckpresse existierte. Er stützte diesen Gedanken des «elektronischen Feudalismus» auf die Überlegung, daß man sich vor der linearen Einförmigkeit mechanischer Druckerzeugnisse jedes einzelne Manuskript wirklich *anschauen* mußte, weil jedes Manuskript die Hand seines Verfassers widerspiegelte. Nach der Erfindung der Druckerpresse mußten die Menschen nicht mehr *schauen*; sie *lasen*; und das ist ein sehr verallgemeinerter Vorgang, bei dem man nicht mehr tatsächlich jedes E und L genau ansieht.

Mit dem Fernsehen und den elektronischen Medien ist man wieder zu der Situation zurückgekehrt, wo man *schauen* muß. Man muß eine Gestalt, ein Bild *zusammensetzen*, man kann es nicht einfach lesen. McLuhan meinte, daß die Konsequenzen dieses Wandels im Verhältnis der Sinne so global und ungeheuer sein würden, daß er die Zersplitterung und Auflösung des Nationalstaates bewirken würde – was wir in Osteuropa und der Sowjetunion zur Zeit offenbar wirklich miterleben –, und daß er die Menschen zu einem seßhaften pietistischen Fundamentalismus zurückbringen würde. Seßhaft, weil die elektronischen Medien die Informationen überall hinbringen. McLuhan sagte voraus, daß alle diese Faktoren zusammengenommen eine Ära schaffen würden, in der das gotische Modell sehr stark durchschlagen würde.

Von meinem Standpunkt, meiner Theorie der Zeitwelle aus sehe ich das Mitte der neunziger Jahre kommen und erwarte ich, daß diese Periode genauso viele zweideutige Aspekte haben wird wie das Mittelalter. Damals gab es einerseits die Herrlichkeit der gotischen Kathedralen, und andererseits war es eine Zeit der herumziehenden Geißler, der Pest, des blinden Glaubenseifers, der Frauenunterdrückung, des Hasses gegen Außenseiter, der Engstirnigkeit, des Provinzialismus, der Barbarei.

Ich denke, wir haben die besten Voraussetzungen, etwas ganz Ähnliches wie die gotische Erneuerung zu erleben, für die du eintrittst. Entscheidend dabei ist, daß der Impuls humanisiert wird.

RALPH: Ich denke, um diese Wandlung zustande zu bringen, bedarf es zuallererst der Dezentralisierung. Einer der am stärksten patriarchalen Aspekte der Kirche ist ihr monolithisches zentralisiertes Regiment, und genau wie es die kleinen nationalen Unabhängigkeitsbewegungen gibt, müßte auch die Kirche zu lokalen Formen zurückkehren, zu den Sprachen der einzelnen Volksgruppen, zu Festen im Zusammenhang mit den lokalen Bergen, Quellen und Bäumen und so weiter.

Auf der anderen Seite brauchen wir ein vereinigendes

Prinzip, einen vereinigenden Attraktor. Der Kernpunkt ist eine *tatsächliche* Verbindung mit dem Heiligen. Ich glaube nicht, daß wir eine archaische Erneuerung bekommen, indem wir einfach zurückgehen. Wir müssen unsere Archäologie des Wissens zu dem Punkt treiben, wo wir das Wesen dessen begreifen, was damals geschah, und es dann in moderne Formen umsetzen. Wir müssen zum Beispiel einsehen, daß die Gesamtbevölkerung heute größer ist. Das macht etwa Recycling zur Pflicht. Das bedeutet, daß grünes Bewußtsein, Gaia-Bewußtsein, in den Ritualen, die man an den verschiedenen Tagen feiern würde, eine maßgebliche Rolle spielte. Die Aufgabe lautet, eine neue Mythologie zu schaffen, die Kirchen unterschiedlicher Art auf den Pfad einer konvergenten Entwicklung bringen kann.

RUPERT: Ich denke, die religiöse Reform kann nicht von oben aus der traditionellen religiösen Hierarchie kommen, sie muß vielmehr durch eine zugkräftige neue in Schwung gebracht werden, die im normalen Leben der Menschen ihren Platz hat und sich durch das Beispiel, das sie gibt, ausbreitet.

RALPH: Es besteht eine echte Kluft zwischen den Strategien für ein neues System: die einen vertreten die archaische oder heidnische Erneuerung und die anderen die Revolutionierung der Kirchen oder die Resakralisierung der Religion. Die traditionelle Kirche bestreitet die Gültigkeit archaischer heidnischer Formen und treibt diese Ablehnung so weit, daß sie die Geschichte umschreibt und Figurinen und Statuen der Göttin zu Staub zermahlt. Neben der Partnerschaft der Geschlechter, der lokalen Kontrolle und einer grünen Politik muß im Ritual der Kirche die grundsätzliche Religiosität der heidnischen Formen anerkannt werden.

RUPERT: Wenn es eine echte Mutter-Erde-Religion geben sollte, müßte sie wahrscheinlich Priesterinnen statt Priester haben, weil ihre zentrale Gestalt eine Göttin wäre. Sie würde in erster Linie das menschliche Leben an die Erde zurückbinden. Unsere Körper kehren zur Erde zurück. Sie würde sich auf den ganzen materiellen Lebenskreislauf konzentrieren und die Sterne, den Himmel nur wenig beachten. Ich denke, sie würde für viele Leute recht bald sehr beengend werden. Es würde dann zur Wiedergeburt einer Religion kommen, die das Streben nach den Sternen, dem Himmel, der Größe des Kosmos wieder einbrächte. Wir hätten die Wahl zwischen verschiedenen religiösen Bildern. Wir könnten etwa zwischen einem Gott und einer Göttin des Himmels wählen.

RALPH: Schön, uns schwebt eine Revolution der Religion vor, in der es Priester und Priesterinnen und lokale Kontrolle gäbe, eine Auffrischung des Sinngehalts in den Ritualen und so weiter. Leider nehmen die Kirchgängerzahlen ständig ab. Daß eine Wiederbelebung schon im Gange sein könnte, ist nicht viel wert, solange sie keine Zugkraft entwikkelt. Die Abneigung gegen die Kirchen und deren Untaten während der letzten Jahrhunderte ist zu einer ziemlich starken Gewohnheit geworden. Außerdem gibt es die Konkurrenz des Szientismus als einer neuen Mythologie, die völlig von den Kirchen abgekoppelt ist und die wegen der Stärke ihrer Waffen Zugkraft besitzt.

RUPERT: Einer der großen Pluspunkte, die der Szientismus emotional für die Leute hat, ist seine Aura der Überlegenheit. Ich habe mich ungefähr mit vierzehn zum Szientismus bekehrt. Ein wenig wie du, Ralph, schaute ich mir die anderen an, die beteten oder so taten, und bildete mir ein, von einer höheren Warte, von der aus das alles Aberglaube ist, auf sie hinabzuschauen. Als moderner Mensch fühlte man sich über die Religion erhaben, die einem infantil und als Relikt der Vergangenheit erscheint. Jedoch der Glaube an den Szientismus bricht zur Zeit an allen Ecken und Enden zusammen, und eine weitverbreitete allgemeine Desillusionierung, was die Wissenschaft betrifft, tritt ein.

RALPH: Damit sind die Leute völlig allein gelassen: Erst haben sie die Kirche gegen die Wissenschaft eingetauscht und dann die Wissenschaft gegen gar nichts. Das ist das Dilemma von heute.

TERENCE: Wissenschaft und grüne Politik können durch die psychedelische Erfahrung sakralisiert werden. Der Psychedeliker weiß, daß der Wissenschaftler, der sich über betende, kniende Menschen erhebt, ein armer Tropf ist. Eine grüne Partei, die eine mystische Sprache gebrauchte, eine psychedelische Sprache, eine Sprache der Natur- und Gefühlsverbundenheit, würde einen gewaltigen Anklang finden. Nicht umsonst ist Rupert so angetan von den aus Brasilien kommenden Ayahuasca-Kulten, denn auf einer Ebene wollen sie den Regenwald erhalten, den kleinen Leuten helfen, aber auf einer anderen Ebene ist das eine psychedelische Religion, die an die Imagination, das Herz und die Weltseele appelliert.

RALPH: Wie wär's, in der Cathedral of St. John the Divine die Eleusinischen Mysterien zu feiern, oder sonst etwas in diesem Sinne?

TERENCE: Es muß dabei klar sein, daß Psychedelika ein Weg zum Geist von Gaia sind. Sie sind nicht Metaphern für Sakramente, sie sind *echte* Sakramente, und ihre Heilswirkung kann politische Folgen haben. Grüne, die ich in Deutschland kennenlernte, redeten einen Jargon aus moderner Soziologie und Marxismus, und das fand ich ziemlich langweilig. Aber eine mystische politische Bewegung könnte der reinste Kreuzzug oder Dschihad werden. Die Energie des Attraktors ist in der mystischen Dimension so groß, daß man über die Rettung der Erde nicht erst lange debattieren muß, man geht einfach hin und macht es, so als wollte man Jerusalem für den Papst zurückerobern.

RALPH: Vielleicht sollten wir uns an dieser Stelle daran erinnern, daß es in den sechziger Jahren bei uns bereits einen großen Aufbruch zu dieser psychedelischen, grünen Revolution gegeben hat. Der ging aus verschiedenen Gründen daneben. Der Einfachheit halber nehme ich mal an, daß am Scheitern der Hippie-Subkultur der Widerstand dagegen schuld war.

TERENCE: Sie hatten kein Programm, daran lag's. Das einzige Programm war: Schluß mit dem Krieg!

RALPH: Aber sie hatten Feste, Kulte, Rituale, die je nach den Umständen wechselten, das Sakrament und heilige Musik. Viele Dinge, von denen wir heute reden, passierten damals wirklich. Aber es gab eine große und erfolgreiche Gegenbewegung, und sie richtet sich auch gegen das Programm, das uns heute vorschwebt. Was ist mit dem Streben des herrschenden Systems, sich selbst zu erhalten, indem es das Aufkommen einer grünen psychedelischen Revolution bekämpft?

TERENCE: Ich denke, der Kampf ist schon gewonnen. Niemand kann den Kreuzzug zur Rettung der Erde bekämpfen; sie können nur an seinen Methoden oder seinem Stil oder seinem Vokabular herumkritteln. Niemand kann sich hinstellen und sagen: «Ich bin dagegen, die Erde zu retten.»

RALPH: Lippenbekenntnisse reichen aber nicht aus. Die Leute müssen kollektiv und nach einer Strategie, die eine Erfolgschance hat, *handeln*.

TERENCE: Wenn deine Feinde Lippenbekenntnisse auf deine Ideale ablegen, dann ist das ein Zeichen, daß du am Drücker bist. Einer will grüner sein als der andere.

RALPH: Aber das Ökosystem der Erde ist gigantisch. Es reicht nicht aus, Plastikflaschen zu recyceln. Es reicht nicht aus, mit dem Abholzen des Amazonasurwaldes Schluß zu machen. Diese Sachen bringen nur eine kleine Verlängerung der Frist, die uns noch bleibt, um eine bessere Strategie zu Fragen wie der Bevölkerungsexplosion und der Erschöpfung unserer Ressourcen auszuarbeiten.

TERENCE: Wenn Gaia auf unserer Seite ist, was haben wir dann zu befürchten?

Rupert: Wenn die grüne Bewegung etwas erreichen will, muß sie eine spirituelle und eine mystische Dimension haben. Wie aber sollte sie eine bekommen, ohne sich entweder mit einer grünen Form des Christentums oder Judentums zu verbünden oder ihren eigenen Kult mit Priesterinnen oder Priestern zu erfinden und ihre eigenen Rituale durchzuführen?

Ralph: Es gibt da ein Zeitproblem. Die Krise kommt mit der Geschwindigkeit einer Flutwelle auf uns zugerollt. In ferner Zukunft wird man sie einmal mit der Sintflut vergleichen. Ist überhaupt noch Zeit für die Gegenmaßnahmen, von denen wir reden? Die Leute in der wiederbelebten grünen Kirchenbewegung machen sich besser auf die Socken, wenn sie mit von der Partie sein wollen.

Terence: Die Leute, die eine psychedelisierte grüne Bewegung führen können, schulen sich schon seit Jahren, ohne eigentlich zu verstehen, wofür sie sich schulen. Aber wenn der Ruf an sie ergeht, werden sie zur Stelle sein.

Rupert: Das beste Modell wäre ein Orden - ein ökumenischer, psychedelischer, grüner Orden. Die christlichen Grünen würden sich mit einem grünen Orden der Juden zusammenschließen, sie müßten eng zusammenarbeiten.

Ralph: In jeder Religion müßte es grüne mystische Orden geben. Das würde eine Art neutrales Netzwerk schaffen, das alle diese verschiedenartigen Systeme zu einer neuen Einheit zusammenfaßte.

RUPERT: Es würde grüne Orden des Islam geben, grüne Orden des Hinduismus ...

RALPH: Neosufismus und Neokabbalah und ...

RUPERT: Ja, und der grüne Orden in Amerika hätte unter anderem die Aufgabe, die Verbindung zu den heiligen Stätten dort wiederherzustellen und sie wieder durch passende Zeremonien zu ehren. Der grüne Orden in England hätte die Aufgabe, sich um die heiligen Stätten dort zu kümmern.

RALPH: Denken wir dabei auch an die Wissenschaft. Genau wie die organisierte Religion Revolution und Neuinterpretation braucht, so braucht auch die Wissenschaft Revolution und Neuinterpretation. Die Gaiahypothese und der damit einhergehende Paradigmenwechsel in der Wissenschaft werden Wissenschaftler der verschiedensten Spezialgebiete in Kontakt bringen, die noch nie zuvor miteinander geredet haben. Das wird eine große Umstrukturierung und Synthese der ganzen Wissenschaft geben.

TERENCE: Die Wissenschaft ist zum erstenmal in der Lage, ihre eigene Auswirkung auf die Welt zu messen. Die Wissenschaft hat alle diese Probleme erzeugt, und die Wissenschaft macht uns jetzt, wo sie uns auf den Leib rücken, ihre ganze Tragweite klar.

RALPH: Die Hineinnahme einer wissenschaftlichen Sicht der Geschichte und der Archäologie in die Kirche muß also einhergehen mit einer umfassenden Resakralisierung der Wissenschaft.

TERENCE: Das Ziel der Wissenschaft sollte in einem Mehr an Verständnis liegen, nicht nur einem Mehr an Technik. Wir müssen uns mit den Anwendungen zurückhalten und erst einmal assimilieren, was wir auf dieser Ebene wissen, dürfen nicht gnadenlos die Anwendung immer weitertreiben. Das ist Gewalt. Vergewaltigung.

RALPH: Die Wiederbelebung der Kirche und die Neuorientierung der Wissenschaft sind schon im Gange. Damit sich der Kern der darin angelegten gesellschaftlichen Umwandlung bilden kann, muß es einen Kernbildungsort geben, ein erstes Vorbild dieser Koalition von Wissenschaft und Religion. Von diesem Kern aus könnte sie sich rasch ausbreiten, verstärkt von den Medien.

TERENCE: Eine psychedelische grüne Partei.

RALPH: Vielleicht sollten wir an einem bestimmten Ort an diesem Modellsystem arbeiten.

RUPERT: Der amerikanische Nordwesten ist ein Teil der Welt, wo der Versuch gemacht wird, grüne Politik und psychedelische Kulte wieder mit den jüdischen und christlichen Traditionen zu verschmelzen. Was Europa betrifft, so nehmen viele Leute die dort heimischen Psilocybinpilze, aber ich weiß nicht, ob das in einem zeremoniellen Rahmen geschieht. In Amerika haben sich unter dem Einfluß von Peyotekreisen und indianischen Traditionen eines sakramentalen Pflanzengebrauchs Pilzkulte entwickelt. Ich glaube nicht, daß in Europa irgendwelche lebendigen einheimischen Traditionen dieser Art noch bestehen.

Auf jeden Fall müßte jede Religion ihre eigenen, ihr gemäßen Rituale entwickeln. Der moderne Ayahuasca-Kult im Amazonasgebiet entstand, als ein Christ diesen Stoff nahm, der traditionell von den dortigen Indianern benutzt wird, und eine Marienvision hatte. Maria erschien ihm als Unsere Liebe Frau des Waldes, ganz in Grün gekleidet, und eröffnete ihm in Grundzügen den rituellen Gebrauch von Ayahuasca in Form einer Kommunion. Solche Dinge werden offenbart, nicht erfunden. Sie müssen kanalisiert werden. Wenn in Großbritannien ein Pilzkult entstehen sollte, dann müßte das spontan durch Gebet und visionäre Führung geschehen.

TERENCE: Die mexikanische Pilzreligion geht dabei sehr logisch vor, in kleinen Kreisen bei Nacht, ganz zielgerichtet. Es gibt Lieder, es gibt Gebete, und es gibt Schweigen.

RUPERT: Sich solche Rituale auszudenken ist sehr leicht. Damit sie aber für die Teilnehmenden Authentizität besitzen, müssen sie offenbart und nicht erfunden sein.

TERENCE: Es sind psychedelische Erfahrungen. Die Authentizität kommt von der Sache selbst. Das ist etwas anderes als Mantras rezitieren. Das ist die Sache selbst.

RUPERT: Ich weiß, aber die Zeremonie müßte im Geist des Ortes verwurzelt sein; und sie müßte die richtige Zielsetzung und passende rituelle Elemente haben, um Teil einer umfassenderen Bewegung zu werden wie etwa des grünen Ordens. Diese psychedelischen Gruppen wären der visionäre Zweig einer umfassenderen grünen Bewegung.

TERENCE: In meinem Buch *Food of the Gods* stelle ich die These auf, daß der Pilz die Hebamme der Menschheit war und daß alle Menschen zu allen Zeiten und an allen Orten ihn als ihr Erbe reklamieren können.

RALPH: Das wäre demnach eine gigantische Chreode. Es müßte also möglich sein, sie überall auszugraben, jederzeit.

TERENCE: Der Gebrauch von psychedelischen Pilzen war während der ersten Million Jahre die Religion der Menschen in Afrika. Vor etwa zehntausend Jahren trat sie den Rückzug an und zerfiel erst vor sieben- oder achttausend Jahren, als die fortschreitende Verwüstung der Sahara das ehedem riesige Weideland in die schreckliche Wüste verwandelte, die wir heute in diesen Regionen haben. Die archaische Erneuerung strebt die kulturelle Wiedereinsetzung dieses verlorenen symbiotischen Partners an.

Es geht dabei nicht nur um die psychedelische Erfahrung *per se*. Psilocybin steht zur Entwicklung des menschlichen Nervensystems in einer einzigartigen Beziehung: Es verwandelt das menschliche Nervensystem in eine Antenne für den Geist Gaias und sorgt so dafür, daß die Menschen sich angemessen verhalten, ganz wie Termiten sich in dem morphogenetischen Feld des Termitenbaues angemessen verhalten. Wenn diese Antenne im Menschen nicht vorhanden ist, dann müssen die Menschen sich ihr eigenes Programm ausdenken, und das ist für gewöhnlich machtbesessen, tödlich, kurzsichtig und gierig.

RUPERT: Wenn das stimmt, hast du dann von den Leuten, die zu Pilzkulten gehören, den Eindruck, daß sie von völlig anderer Wesensart sind als Leute, die nicht zu solchen Gruppen gehören? Verhalten sie sich angemessen und im Einklang mit dem Geist Gaias?

Terence: Sie leben zumeist in ländlichen Verhältnissen. Sie leben zumeist in Gemeinschaften. Sie sind zumeist in ökonomischen Dingen nicht motiviert. Mit anderen Worten, sie leben einfach. «Freiwillige Einfachheit» ist etwas, womit sie gut vertraut sind. Sie lieben ihre Kinder und achten sie hoch. Sie verkörpern die Werte, die die Bauern von jeher verkörpert haben, weil sie erdnah leben. Es mangelt ihnen an nichts, aber sie haben sehr wenig. Das ist mein Eindruck.

Ralph: Ob sie wohl die Absicht haben, in den christlichen Kirchen ans Ruder zu kommen?

Terence: Nein, darüber sind sie hinaus. Ihr Leben wird von der religiösen Beziehung zum Pilz bestimmt.

Ralph: Aber sie könnten früher oder später auf das politische Programm umschwenken, wenn der saure Regen ihnen die Pilze kaputtmacht.

Terence: Bei den Vorträgen, die ich halte, wollten meine Zuhörer bis vor kurzem noch, daß ich mich rein bei mystischen, überhistorischen Themen aufhalten sollte. Vor ungefähr anderthalb Jahren fingen die Leut an, mich zu fragen, was denn mit den politischen Inhalten wäre. Jetzt fordern sie politische Inhalte. Wir als Intellektuelle, die wir täglich mit diesem Material umgehen, können uns einbilden, daß die Gaia-Politik uns mehr beschäftigt als den Durchschnittsbürger, aber die Hausfrau beim Bügeln und das Schulkind im Bus sorgen sich beide um das Schicksal der Erde. Das kollektive Informationsfeld hat seinen Schwerpunkt verlagert. Die einzige Konkurrenz, die diese Konzentration auf die Notwendigkeit, die Erde zu retten, hat, ist die dämliche Antidrogenhysterie. In gewisser Hinsicht bilden diese beiden Probleme einen Gegensatz. Es geht darum, wie wir uns zu der vegetativen Matrix verhalten.

RUPERT: Der psychedelische Orden ist allerdings nur ein Aspekt des Resakralisierungsprogramms. Ein anderer wäre die Erneuerung des Pilgergedankens und des Sinns für die heilige Zeit. Das kann in vielen Kontexten geschehen und leicht in das Leben der Menschen einbezogen werden. Der Grund, weshalb Pilger und Touristen heilige Stätten aufsuchen, ist das Besondere, das ein solcher Ort hat. Statt nur aus historischen oder archäologischen Gründen an einen solchen Ort zu reisen, können wir uns bewußt auf seine Eigentümlichkeit einlassen, indem wir den Geist des Ortes darum bitten, bei unserem Besuch in uns einzugehen, uns zu erleuchten und uns seinen Segen zu geben.

Ich denke, die meisten Menschen gehen deswegen an heilige Orte oder in die Wildnis, weil sie den Wunsch haben, eine solche Verbindung herzustellen. Das ist ein Teil der romantischen, privaten, subjektiven Tradition unserer Kultur. Es könnte ziemlich leicht sein, den Tourismus zu resakralisieren. Durch den Anstoß der grünen Bewegung könnte der wiederbelebte Pilgergedanke sich sehr rasch ausbreiten.

RALPH: Ich denke, wir sind bei einer Vision angekommen, die sich durch einen überraschenden Optimismus hinsichtlich eines positiven Ausgangs dieser Krisen auszeichnet und durch die Hoffnung auf einen erfolgreichen Ausweg aus der Abwärtsspirale, zu dem die grüne Bewegung, Resakralisierung und psychedelische Orden gehören. Es geht um den Wiederaufstieg auf der Abwärtsleiter, und so, wie dieser Aufstieg sich in unserem Trialog abzeichnet, hört er sich ziemlich einleuchtend an: er ist möglich und schon im Gange. Vielleicht wird es in die Verantwortung des heiligen Künstlers fallen, die Verbindungen zwischen Politik, Theologie und praktischem Handeln zu liefern.

TERENCE: Vielleicht brauchen wir eine Konferenz zur Verbindung grüner Politik und der psychedelischen Dimension. Leute, die viel über grüne Politik nachgedacht haben, aber gar nicht oder überwiegend negativ über diese Veränderungsmöglichkeiten, hätten die Gelegenheit, über diesen Weg zu diskutieren.

RALPH: Eine Konferenz der Synergie zwischen der neuen Politik und der neuen Religion.

RUPERT: Ich glaube nicht, daß du wirklich eine Konferenz willst. Ich glaube, was du willst, ist ein *Sakrament*.

TERENCE: Eine Pilgerfahrt *und* ein Sakrament.

Außerhalb des religiösen Rahmens angetroffen, wird die apokalyptische Erwartung einer unmittelbar bevorstehenden Umwälzung der Welt, in der der einzelne irgendwie eine zentrale Rolle spielt, als pathologisch bezeichnet. Doch dieses pathologische Symptom vieler Individuen ist die treibende Kraft hinter vielem, was unsere Zivilisation ausmacht.

Terence McKenna

Viel wahrscheinlicher als die apokalyptischen Ereignisse, über die wir hier reden, ist die Aussicht, daß wir einer schwerwiegenden ökologischen Krise und einer evolutionären Herausforderung von beispiellosem Ausmaß entgegensehen.

Ralph Abraham

Der Attraktor hinter der drohenden Vernichtung könnte ein anderer Daseinszustand sein, der im Vergleich mit allem, was wir hier kennen, außerordentlich glückselig und viel vollkommener ist. Das ist die Phantasie der Rückkehr nach Eden, ins gelobte Land. Daran ist etwas Magisches und unendlich Reizvolles, das den gesamten historischen Prozeß motiviert.

Rupert Sheldrake

9. Die Apokalypse

Terence: Wo wir jetzt beim letzten unserer Dreiergespräche angelangt sind, kommt es mir stimmig vor, daß wir unsere Gedanken auf letzte Dinge richten. Die Apokalypse scheint nicht nur das Thema der gegenwärtigen Krise zu sein, sondern überhaupt der eine verbindende Faden, der sich durch alle westlichen Religionen zieht. Hartnäckiger als alle anderen Religionssysteme auf der Erde beharren die des Abendlandes darauf, für ihre Welt ein Ende festzusetzen. Die zyklischen Welten des Hinduismus beschreiben derart unermeßliche Zeitkreisläufe, daß sie für die Phantasie der Menge bedeutungslos werden. Was Judentum, Christentum und Islam vor allem auszeichnet, ist der feste Glaube daran, daß die Geschichte irgendwann in Gott münden und damit ein Szenarium der letzten Tage entstehen wird, ein großes Emporziehen von Seelen in das Geheimnis Gottes. Dieser Gedanke, in seiner eher katastrophischen Version apokalyptisch genannt und in seiner eher idyllischen Version chiliastisch, ist die notwendige Ergänzung zu der Vorstellung von Eden und von der Einmaligkeit der Erschaffung des Menschen durch Gott. Wenn die Erschaffung des Menschen zu einem einmaligen Zeitpunkt in der Geschichte des Universums geschah, dann wird Gott vermutlich nach der Sühne für die Sünde von Eden die Menschen aufs neue in das Geheimnis versammeln.

Außerhalb des religiösen Rahmens angetroffen, wird die apokalyptische Erwartung einer unmittelbar bevorstehenden Umwälzung der Welt, in der der einzelne irgendwie eine zentrale Rolle spielt, als pathologisch bezeichnet. Doch dieses pathologische Symptom vieler Individuen ist die treibende Kraft hinter vielem, was unsere Zivilisation ausmacht. Vor etwa fünf Jahren wurde der amerikanische Innenminister gefragt, warum er nicht mehr zur Rettung der Wälder im Land tue. Er antwortete, er sehe keinen Grund, den Wald zu retten: Jesus komme ohnehin, und das Ende der Welt sei nahe.

Was hat es mit diesem Gefühl vom Ende der Welt auf sich? Jetzt, wo wir langsam immense Datenmengen zusammengetragen haben, beginnt die Wissenschaft im 18. Jahrhundert gemachte Versprechungen einzulösen, Versprechungen einer vollständigen und tiefen Beschreibung des physikalischen und astronomischen Universums. Was wir da sehen, bietet einen höchst chaotischen Anblick. Es gibt nicht einen festen Körper im Sonnensystem, der nicht tief von Asteroideneinschlägen zernarbt ist. Von den inneren Planeten bis zu den Monden der Gasgiganten gibt es eine Unzahl von sichtbaren Beweisen für katastrophische Geschehnisse während der ganzen Geschichte des Sonnensystems.

Wenn Gott oder ein überweltliches Ereignis in die normale biologische und evolutionäre Geschichte eines Planeten einträte, könnte dem eine antizipierende Schockwelle vorausgehen, ein Gefühl der Unterbrechung der gewöhnlichen Abläufe, bevor das große Ereignis wirklich unmittelbar vor der Tür steht. Die kurze Zeitspanne der letzten zwanzigtausend Jahre scheint mir in einer solchen Aura der Antizipation zu liegen. Wenn wir die Botschaft der apokalyptischen Religionen dieser Zeit von aller Beschränktheit befreien könnten, würden wir feststellen, daß sie ein tiefes intuitives Wissen von der wesensmäßigen Instabilität des Kosmos haben. Ich denke, sie versuchen etwas aus der menschlichen Zukunft herauszuziehen, bei dem es tatsächlich um das Überleben des Planeten gehen könnte. Schamanen und Mystiker und psychedelische Reisende empfangen vielleicht ein stark rauschendes schwaches Signal eines zukünftigen Ereignisses, das in der Struktur von Raum und Zeit verankert ist.

Vielleicht sind wir ja Zeugen eines großen Phasenübergangs im Werdegang des selbstreflexiven Bios im Universum. Es wird wohl nicht das Ende der Welt sein, aber eine vollkommene systemische Reorganisation, vergleichbar der Metamorphose von Puppen in Schmetterlinge. Ein völliges Einschmelzen des bisherigen Weltsystems und dann ein Neuguß auf Anordnung einer höheren Instanz, des Geistes von Gaia oder der Weltseele.

Das Leben hat eine unglaubliche Zähigkeit. Es hat vor 3,5 Milliarden Jahren von diesem Planeten Besitz ergriffen und hat ihn durch Dick und Dünn manövriert und ihn immer wieder in dieses oder jenes lebentragende stabile Gleichgewicht gebracht. Asteroiden gingen nieder, und Kontinente wurden zerrieben, und immer weiter hielt das Leben an seinem Klumpen Erde fest. Möglicherweise signalisiert das noch junge Auftreten der menschlichen Intelligenz eine Krise größeren Ausmaßes. Das Vorhandensein unserer Intelligenz könnte ein Anzeichen dafür sein, daß wir einer enormen, sich zusammenbrauenden Singularität sehr nahe sind.

Das Nahen des dritten Jahrtausends setzt uns noch unter einen ganz anderen Druck als den des Kalenders. Ein gemeinsamer Kulminationspunkt zeichnet sich in Schaubildern der Ressourcen, der Bevölkerungsdichte, des Bedarfs an hydroelektrischer Energie und des Gehalts von Strontium 90 in der Milch ab. Wer kann alle diese Daten sehen und darin nicht entweder das offene Grab der Menschheit oder ein völliges Umschlagen des Systems erkennen? Ich denke, wir stehen am Rande eines hyperdimensionalen Ereignisses, dem die ganze Geschichte mit hoher Geschwindigkeit entgegenströmt. Es sickert in unsere Religionen, unsere Politik, unsere Träume und in die allgemeine Vorstellungswelt ein. Wir haben das besondere Glück, daß sich an uns der Wunsch des irischen Trinkspruchs erfüllt: «Darauf, daß du am Ende der Welt noch lebendig bist!»

RALPH: Es erscheint logisch, daß es, wenn es am Anfang einen Urknall gab, auch einen Endknall geben muß. Die Schöpfungsgeschichte im Buch Genesis und ältere Mythen gehen offenbar davon aus.

TERENCE: In der Offenbarung des Johannes ist das alles vorgezeichnet. Engel kommen und gießen Plagen vom Himmel. Skorpionartige Kreaturen kommen aus dem Innern der Erde herauf. Am Schluß kommt die zwölftorige Stadt, das neue Jerusalem, juwelenglänzend herab wie eine fliegende

Untertasse, und damit ist das Reich Gottes auf Erden da, die Auserwählten zu empfangen, während die Meere verkochen und die Verdammten in die ewige Hölle geschleppt werden. Das ist ein völlig bizarres Werk, eine der verwirrendsten Schriften im christlichen Kanon. Die ersten Generationen nach Christus erwarteten diese Ereignisse noch zu ihren Lebzeiten. Gute einhundertzwanzig Jahre lang machte niemand sich die Mühe, feste Organisationsformen zu schaffen, weil alle bloß das Ende der Welt erwarteten. «Wahrlich, ich sage euch: Dies Geschlecht wird nicht vergehen, bis daß dieses alles geschehe.»

Als nichts geschah, traten schließlich Leute wie Origenes und Eusebius auf und sagten: «Hört mal, Schluß jetzt mit dieser Warterei auf das Weltende, wir müssen den Laden auf Vordermann bringen und uns dauerhaft einrichten.»

RALPH: Mir scheint, die Prophezeiung hat an Kraft verloren.

TERENCE: Na ja, es gibt fundamentalistische Kulte in den USA mit einer Anhängerschaft von einigen zehn Millionen, die glauben, daß das Szenarium der Offenbarung zur Zeit auf den Titelseiten der Zeitungen ausgebreitet wird. Die extremste Position besagt, daß es schon im Jahre 1847 passiert ist und daß wir jetzt im Millenium leben. Dann gibt es solche, die den Zeitpunkt auf die nahe Zukunft legen, um die Jahrtausendwende. Immer wenn einer den Schlüssel zu chiliastischen Spekulationen zu entdecken meint, stellt er unweigerlich fest, daß es bis zum Eintreten des Milleniums nur noch wenige Jahre hin ist.

Aber wenn man sämtliche Anhänger der Apokalypsentheorie aufführen wollte, müßte man auch die ganzen Szientisten mit ihren Treibhauseffekten, ihren Ozonlöchern, ihren FCKWs und ihrem sauren Regen dazuzählen. Auch sie predigen die Apokalypse.

RUPERT: Außerdem hängt das Weltende-Szenarium der atomaren Vernichtung schon seit Jahrzehnten über uns.

RALPH: Es kommt aus derselben Kultur. Ich frage mich nur, wieviel man auf die christliche apokalyptische Vision geben kann, wenn weniger als die Hälfte der Weltbevölkerung davon betroffen ist. Heißt das, bloß die Hälfte des Planeten wird verdampft, während die andere Hälfte fröhlich weiterlebt?

TERENCE: All diese Szenarien könnten Metaphern für etwas wirklich Ungeheures sein, das wir heute in unserer Position viel besser antizipieren können als Johannes auf Patmos. Eines der Szenarien, das mir vorschwebt, sind Zeitreisen: Man wird die Möglichkeit von Zeitreisen entdecken, und die Geschichte hört plötzlich auf, einfach Peng! Die Leute jenseits dieses Punktes werden auf uns zurückblicken wie wir auf die Anasazi, die Vorläufer der Hopi, und davon sprechen, wie es wohl gewesen sein mag, als man noch in der linearen Zeit lebte – diese ganze Warterei auf irgendwas, das in einer komischen Gallertmasse steif gewordener Dimensionalität einmal eintreten sollte. Für Leute, die in eine Welt der Zeitreisen hineingeboren würden, wäre die vorausgegangene Existenzweise bloß ein Gerücht. Denn in dieser Zukunft könnte man zwar zurück in die Vergangenheit reisen, aber nicht weiter als bis zur Entdeckung der ersten Zeitmaschine, weil man nicht mit einer Zeitmaschine in ein Universum reisen kann, in dem es gar keine Zeitmaschinen gibt.

Stellt euch vor, wir schreiben den 22. Dezember 2012 und befinden uns im Weltinstitut für Zeitmechanik in La Chorrera. Der Countdown läuft, und der Temponaut sitzt angeschnallt in der Zeitmaschine. Ein Techniker drückt auf den Knopf, und sie saust davon in die Zukunft. Die spannende Frage ist: Was passiert im nächsten Moment?

RALPH: Millionen von Leuten kommen aus einem dichter bevölkerten Teil des Universums an.

TERENCE: Na klar. Millionen von Zeitmaschinen kommen aus allen möglichen Zukünften angeflogen, um diesem historischen Augenblick beizuwohnen. Weiter können die Leute in ihren Zeitmaschinen nicht zurück. Sie werden zueinander sagen: «Bist du auch am Grenzrand gewesen? Hast du gesehen, wie die Abraham-Maschine gestartet ist?»

Ich fand den Gedanken toll und hielt ihn vielleicht 48 Stunden lang für einen großen Geistesblitz, bis mir klarwurde, daß es bei der Zeitreise ein Problem gibt, das mit dem Großvater-Paradox zu tun hat. Einer dieser Leute, die aus der Zukunft herbeigereist kommen, könnte unterwegs zum Start von Ralphs Maschine haltmachen und seinen Großvater umbringen und damit die paradoxe Situation schaffen, an der alle Zeitreisemodelle bis jetzt gescheitert sind. Da hatte ich auf einmal einen kolossalen halluzinatorischen Durchbruch. Stellt euch vor: Wenn der Temponaut in die Zukunft abhebt, stürzt schlagartig die ganze Zukunft zusammen, und alles geschieht im gleichen Augenblick.

Wenn ihr euch heute die Erde anschaut, seht ihr die Tendenz, daß die weiter fortgeschrittenen Kulturen die nicht so weit fortgeschrittenen Kulturen beeinflussen und schließlich beherrschen. Das ist so ähnlich wie der Druckausgleich in einer geschlossenen Gaskammer. Genauso wie Gase, die in einem Raum eingeschlossen sind, durch Druckausgleich einen einheitlichen Mittelwert herstellen, neigen Kulturen dazu, sich der am weitesten fortgeschrittenen Kulturstufe anzugleichen, mit der sie in Kontakt stehen. Dies wird in jedem Fall geschehen, ob die fraglichen Kulturen nun auf einen einzelnen Planeten und eine einzelne historische Epoche beschränkt oder ob sie in einem Zeitraum eingesperrt sind, der von den Grenzen einer Zeitreisetechnik abgesteckt wird.

Der am höchsten entwickelte Stand menschlicher Errungenschaften, auch wenn er Milliarden von Jahren in der Zukunft und gänzlich jenseits unseres Vorstellungsvermögens liegt, wird eine Millisekunde nach dem Start des Temponauten auf der anderen Seite der Zeitschwelle gegenwärtig sein. Mit dieser Technik wird die gesamte zukünftige Geschichte des Universums - bis zu ihrem Schlußpunkt - in die nächsten paar Millisekunden komprimiert. Dann steht man dem Endzweck der ganzen Evolution, allen Werdens und aller Formen von Energie, Raum, Zeit und Materie, unmittelbar gegenüber.

Da haben wir die vollkommene Erfüllung der monotheistischen Erwartung der Apokalypse. Es ist, als ob das Universum ein riesiges Rätsel wäre, und du wärst mittendrin und müßtest einen langen wunderlichen Trip über dich ergehen lassen, und dann kommen Wissenschaft und Religion und Magie, und du tastest dich langsam, ganz langsam an etwas heran, und es stellt sich heraus, es ist das alchemistische

Gold, und in dem Moment, wo du es ergreifst, hört die Zeit auf, der Raum, die Materie, alles, und du kommst zum Schlußpunkt, zum Zahltag, zum Hauptgewinn. Du trittst über die Schwelle und lernst den Boß kennen.

RALPH: Ich vermute mal, daß das noch nicht stattgefunden hat.

TERENCE: Nein. Im Jahre 2012 ist es soweit. Wenigstens ist das der Schluß, den ich aus meiner Arbeit mit den fraktalen Wellen ziehe, die von den alten Chinesen so kunstvoll in das *I-ching* eingebaut wurden. Wir bekommen eine sehr gute Übereinstimmung zwischen diesen Wellen und den belegten historischen Daten, aber nur, wenn wir zwei Annahmen machen: zum einen, daß die Welle das Eintreten des Neuen oder der Komplexität in der dreidimensionalen Raumzeit abbildet, zum andern, daß der Endpunkt der Welle etwa auf das Ende des Jahres 2012 fallen wird. Mit diesen beiden Annahmen erhalten wir eine sehr schöne formale Darstellung für das am schwierigsten darzustellende Phänomen: die menschliche Geschichte. Die Tatsache, daß der Maya-Kalender mit demselben Datum endet, gibt mir ein gewisses Zutrauen.

RALPH: Es gibt verschiedene Möglichkeiten, dieses Datum zu interpretieren. Ich denke, diese Zeitreisephantasie von dir ist im Grunde ein Synkretismus von apokalyptischer Paranoia einerseits und der Zeitwelle andererseits.

TERENCE: Es ist nicht notwendig, die Apokalypse mit diesem Datum zu verbinden. Damit begeben wir uns auf das schlüpfrige Terrain menschlicher Urteile und Zeitangaben. Aber die Tatsache, daß die Welle so gut zu diesem ganzen chiliastischen und apokalyptischen Druck um die Jahrtausendwende paßt, scheint mir ziemlich vielsagend zu sein. Die Maya-Berechnungen sind ein weiteres Zusammentreffen. Die Mayas und die Christen liegen nur zwölf Jahre auseinander, wenn man das Jahr 2000 als Wende des Äons nimmt.

RALPH: Ruth Benedict hat sechzig verschiedene Kulturen untersucht, sie nach verschiedenen Parametern ausgewertet und schließlich in drei Kästen einsortiert: apollinische, dionysische und paranoide Kulturen. Es könnte doch sein, daß eine paranoide Kultur – die eine Religion mit einem paranoiden Element hat, zu der auch Johannes sein Scherflein beigetragen hätte – sich außerordentliche technische Kräfte erwirbt, Riesenkräfte von tödlicher Toxizität.

TERENCE: Der Ausdruck «paranoid» gibt der Sache einen unschönen Anstrich. Wenn etwas so genannt wird, wird sich niemand ernsthaft damit beschäftigen. Der Ausdruck impliziert zudem, daß es nichts gibt, weswegen man paranoid sein müßte. In Wirklichkeit könnte in einem sehr dynamischen und instabilen Universum Paranoia durchaus eine echte Sensibilität für die Tatsachen bedeuten.

RALPH: Das sagen Paranoide immer. Ich weiß, es gibt bei uns fundamentalistische Christen, die jedes Wort aus der Bibel todernst und wörtlich nehmen. Aber was mich betrifft, so denke ich, daß hier jemand seine paranoide Phantasie in einem Buch niedergelegt hat. Ich glaube bestimmt nicht, daß es ein göttliches Dokument ist, dem irgendeine besondere

Glaubwürdigkeit zukommt. Manche Leute haben dieses Buch sehr ernst genommen, deshalb sind sie jetzt auch paranoid.

Ich gebe gern zu, daß um dieses Jahr 2012 eine Reihe von Dingen zusammenkommen, und manche davon sind recht ominös. Aber das macht mir die Offenbarung des Johannes um nichts glaubwürdiger. Doch vom Standpunkt der morphogenetischen Felder aus gesehen, sind es eine ganze Menge Leute, die Johannes Glauben schenken. *Das* sollte uns zu denken geben.

TERENCE: Er «spürte ein Beben in der Kraft». Heute haben wir viel bessere Techniken als Johannes, um herauszufinden, was dieses Beben der Kraft ist.

RALPH: Viel wahrscheinlicher als die apokalyptischen Ereignisse, über die wir hier reden, ist die Aussicht, daß wir einer schwerwiegenden ökologischen Krise und einer evolutionären Herausforderung von beispiellosem Ausmaß entgegensehen. James Lovelock hat gesagt, daß das Aussterben der Arten in seiner gegenwärtigen Geschwindigkeit eine der acht größten Katastrophen im Leben des Planeten ist.

TERENCE: Bis jetzt. Wenn nicht jeden Tag ein Wunder geschieht, werden wir es nicht schaffen. Deshalb brauchen wir auch keinen Johannes, um zu wissen, daß eine Apokalypse auf uns zurollt.

RALPH: Jede Prophezeiung, die mir irgendwie glaubwürdig erscheint, spricht auch von einem Weg, auf dem es weitergeht. Ich muß allerdings zugeben, ich habe große Zweifel, daß die Intelligenz dieser Spezies ausreicht, ihn zu finden.

TERENCE: Es hängt davon ab, was das Problem verursacht. Wenn du meinst, die Menschen sind das Problem ...

RALPH: Die Menschen *sind* das Problem.

TERENCE: Alle Parameter planetarischer Stabilität werden um so unsicherer, je näher wir der Gegenwart kommen. Was ist mit dem plötzlichen Auftreten großer und wiederholter Vereisungen in den letzten fünf Millionen Jahren? Eisdekken sind im Leben der Erde etwas Neues und könnten darauf hindeuten, daß mit der Sonne oder der Geodynamik des Planeten etwas nicht stimmt. Vielleicht sind die Menschen das Problem. Oder vielleicht sind die Menschen die Lösung.

RALPH: Die Erde könnte jeden Moment aus ihrer Bahn springen und in den Raum davonsausen, aber mir scheint, zum gegenwärtigen Zeitpunkt ist eine ökologische Katastrophe die wahrscheinlichere apokalyptische Vision.

RUPERT: In gewissem Sinne ist doch das apokalyptische Szenarium, in dem wir uns befinden, eine Umsetzung des apokalyptischen Mythos durch die Geschichte. Es ist eine *self-fulfilling prophecy.** Die apokalyptische Tendenz im

* Für diesen englischen Terminus gibt es keine kurze, adäquate Übersetzung. Eine *self-fulfilling prophecy* ist eine Voraussage, die sich deshalb bewahrheitet, weil die Überzeugung von ihrer Wahrheit den Lauf der Dinge dahingehend beeinflußt, daß eintritt, was die Prophezeiung voraussagt.

Christentum hat zu allen Zeiten chiliastische Bewegungen inspiriert, darunter auch die Pilgerväter, die in Amerika eine neue Welt fanden, das gelobte Land. Sie inspirierte Francis Bacons Vision eines unbegrenzten Fortschritts durch Wissenschaft und Technik, der Eroberung der Natur. Sein chiliastisches Ziel war ein technologisches Utopia des Friedens und Wohlstands, ein neues Eden, geleitet von weisen Wissenschaftlern und Priestern, ein gelobtes Land, in dem Milch und Honig fließen und durch die wissenschaftliche Kontrolle der Natur materieller Überfluß entstehen würde. Dieses Szenarium liegt der Fortschrittsideologie zugrunde und führt heute zur ökologischen Katastrophe.

Der Mythos der faustischen Wissenschaft hängt mit diesem apokalyptischen Modell zusammen. Im 16. und 17. Jahrhundert verkauft Faust dem Teufel seine Seele, um dafür unbegrenzte Wissens- und Machtvollkommenheit für eine festgesetzte Zeit zu bekommen, vierundzwanzig Jahre, nach denen er verdammt und in die Hölle hinabgezogen wird. Eine modernere Form des Faustmythos ist Mary Shelleys *Frankenstein,* wo der Wissenschaftler nicht von übernatürlichen Kräften zerstört wird, sondern von seiner eigenen Schöpfung. Es ist offensichtlich, daß die atomare Bedrohung etwas Frankensteinsches an sich hat, und die ökologische Krise hat ebenfalls diese Grundlage im apokalyptischen Mythos.

RALPH: Aus diesem Grund müssen wir den sich selbst bewahrheitenden mythologischen Mechanismus, den wir in der Geschichte am Werk sehen, unters Messer nehmen. Ein guter Anfang wäre eine Neuinterpretation der Offenbarung des Johannes.

TERENCE: Wir müssen die Vision auf eine andere Schiene bringen.

RUPERT: Die Offenbarung des Johannes ist in der jüdisch-christlichen Tradition keine einzigartige Erscheinung. Um die Zeit Christi glaubten viele Leute, das Ende stehe bevor. In diesem Sinne war es eine Periode, die der unseren sehr ähnlich war. Das Buch Daniel im Alten Testament ist ein apokalyptisches, prophetisches Werk und ein Vorläufer der Offenbarung des Johannes. Das sind nur zwei Beispiele aus einem umfangreichen Schrifttum.

Ein apokalyptischer Geist erfüllt auch die Lehre Jesu. Ja, er zieht sich durch die gesamte Bibel. Gott verspricht Abraham, daß er ihn und seine Nachkommen in ein anderes Land führen wird, wo wunderbare Dinge geschehen und seine Kinder wie der Sand am Ufer des Meeres sein werden und er der Vater vieler Völker sein wird. Durch den Glauben an solche Versprechungen ist Geschichte gemacht worden. Der Glauben erlaubte Moses, das Volk Gottes aus Ägypten in das Gelobte Land zu führen. In diesen Geschichten wirkt das grundlegende Gefühl, auf einer Reise zu einer wunderbaren Bestimmung in der Zukunft zu sein. Diese Reise kann als Ziel einen anderen Ort haben, wie Amerika für die Pilgerväter. Sie kann auch eine Reise durch die Geschichte in ein zukünftiges Millenium, ein neues Zeitalter sein. Das ist der Glaube, der dem Versuch zugrunde liegt, die Welt durch Wissenschaft und Technik umzukrempeln. Es ist ein Muster, das so tief in der jüdisch-christlichen Tradition verwurzelt, so grundlegend für die gesamte historische Ausrichtung unserer Religion und Kultur ist, daß sie nur durch das Herumdoktern an der Offenbarung des Johannes nicht verschwinden wird.

TERENCE: Wie müssen wir die Geschichte lenken, damit sie nicht einen tödlichen, sondern einen befriedigenden Ausgang nimmt? Vielleicht ist die Geschichte gar nicht bloß eine tödliche Neurose. Vielleicht ist sie die wirkliche Antizipation dessen, was jetzt durch diese ganze Technik unvermeidlich gemacht wird.

RALPH: Du meinst, wir sollen uns einfach an den Gedanken gewöhnen, daß die Apokalypse eintritt?

RUPERT: Wir haben uns alle an den Gedanken gewöhnt, daß es jederzeit passieren könnte. Terence, was du sagst, erinnert an das Wort Jesu, daß das Himmelreich wie ein Dieb in der Nacht kommen wird.

TERENCE: «... wie ein Dieb, und du wirst nicht wissen, zu welcher Stunde ich über dich kommen werde.»

RALPH: Entweder ist da eine unvermeidliche Apokalypse am Horizont, oder es ließe sich eine durch einen sich selbst bewahrheitenden Mechanismus paranoider Prophezeiung herbeiführen. Um das aufzuhalten, müssen wir die Zeitbombe der Bibel entschärfen.

TERENCE: Es sollte uns möglich sein, die Apokalypse geschehen zu lassen, aber wir sollten sie nicht selber herbeiführen, wie wir es allem Anschein nach mit Nachdruck betreiben.

RALPH: Die Geschichte mit dem Innenminister ist ein direktes Beispiel dafür. Für ihn geschieht die Sache nicht nur, sondern sie geschieht so bald, daß wir uns genausogut den Spaß machen können, alles gleich abzumurksen.

TERENCE: «Die schiere Anarchie ist losgelassen auf die Welt. Die Mitte kann nicht halten. Und welche wilde Bestie kriecht gen Bethlehem, ihrer Geburt entgegen?» Dieses Bild von William Butler Yeats sitzt dem 20. Jahrhundert genauso mächtig im Nacken, wie es dem 1. und 2. Jahrhundert im Nacken saß. Wenn die Kultur eine Phantasie ist, die aus dem Unbewußten kommt, dann steuern wir bestimmt auf das Ende zu. Es wird sehr heikel werden, diese Sache durchzustehen, zu begreifen, aufzuhalten, abzuwenden, zu integrieren.

RALPH: Heißt das, der Apokalypsemythos ist eine unserer großen Schwächen, vom evolutionären Standpunkt aus betrachtet?

RUPERT: Wir haben ja den evolutionären Standpunkt erst durch ihn verstehen und entdecken können. Die Vorstellung des menschlichen Fortschritts ist eine apokalyptische Vision der über alles gestellten Geschichte. Dieser Mythos ist nicht auf Kirchen und Synagogen beschränkt. Unsere wissenschaftliche Weltanschauung ist innerhalb der jüdisch-christlichen Matrix mit ihrer Vorstellung von Anfang, Mitte und Ende herangewachsen. Die Idee des menschlichen Fortschritts war am Ende des 18. Jahrhunderts schon weit verbreitet, und durch die Idee des biologischen Fortschritts wurde sie auf das ganze Leben ausgedehnt und brachte uns die Evolutionstheorie.

Seit den sechziger Jahren wird der ganze Kosmos als evolutionär begriffen. Ich würde sagen, die Urknallkosmologie ist eine apokalyptische Vision der Geschichte mit einem explosiven Anfang und einem darin angelegten explosiven oder implosiven Ende. Auch die Astronomie sieht eine, freilich lokalere, Apokalypse für uns vor. Früher oder später, vielleicht in fünf Milliarden Jahren, sagt die Theorie, wird die Sonne wie jeder andere Stern ihre Wasserstoffvorräte verbrannt haben, viel heißer werden, sich aufblähen und dann ihre äußere Gashülle in den Raum abstoßen, bis schließlich nur noch ein weißer Zwerg zurückbleibt. Das wäre für alles Leben im Sonnensystem das Ende. Die wissenschaftliche Weltanschauung ist zweifellos apokalyptisch, aber sie legt das Ende in die ferne Zukunft.

TERENCE: Also beruhigend weit weg.

RUPERT: Die mechanistische Wissenschaft des 19. Jahrhunderts sagte auch den schließlichen Wärmetod des Universums voraus. Das würde letztlich den Triumph der Entropie oder des Chaos über die Ordnung bedeuten.

RALPH: Jetzt akzeptieren wir also den Apokalypsemythos, weil er ein integraler Bestandteil der Geschichtsauffassung der Israeliten ist, die ihn erfanden, und glauben, wir können nichts daran ändern. Die Paranoia unserer Kultur zeigt sich deutlich in der Annahme, daß das Ende morgen eintreten wird.

TERENCE: Das ist mehr als Paranoia. Die Erde brennt, hast du das noch nicht mitgekriegt? Was ist denn mit den Kernwaffenarsenalen? Was ist mit den chemischen Kampfstoffen? Was ist mit den FCKWs, die das Ozonloch vergrößern? Wir können darin die langsame Apokalypse sehen, die zweihundert Jahre braucht, oder die schnelle Apokalypse erwarten, die fünfzehn Minuten braucht und heute oder morgen eintreten kann. Alle diese Möglichkeiten sind real.

RALPH: Deine Festsetzung der Apokalypse auf das Jahr 2012 beeinträchtigt, glaube ich, unsere Chance, überhaupt eine Zukunft zu haben.

TERENCE: Ich glaube, das ist eine Möglichkeit, uns durch äußerste Zuspitzung unserer Bewußtheit um Haaresbreite an der großen Katastrophe vorbeizulavieren. Wir können den Kalender als Peitsche benutzen und zu unseren Führern sagen: «Wollt ihr bewaffnet wie Barbaren ins dritte Jahrtausend eintreten? Oder wollt ihr euch in den Mantel des Friedens hüllen und die Retter der Erde sein, die Einiger der Menschheit?» Mit dem Näherkommen des dritten Jahrtausends sollten wir alle die Prämissen unserer Gesellschaft einer gründlichen Überprüfung unterziehen. Zum Beispiel setzt die näher kommende Jahrtausendwende die Regierungen gewaltig unter Druck, bis zum Jahr 2000 ihre Kernwaffenarsenale loszuwerden.

Im Jahr 2012 wird die Weltbevölkerung auf die zehn Milliarden zugehen. Beim gegenwärtigen Schwundtempo wird es bis dahin keine Ozonschicht mehr geben. Die Auswirkung allein dieses einen Parameters ist völlig unbekannt. Dann gibt es die Kohlendioxidemissionen, den sauren Regen, die Weitergabe von Kernwaffen, den ganzen Propagandarummel. Hinzu kommt, daß Pharmakologie, Manipulationstechniken, chirurgische Eingriffe und alle möglichen hochgezüchteten Geheimtechniken neue Sprünge zu ihrer eigenen verkorksten Perfektion machen. Unter diesen kulturellen Hochdruckbedingungen werden neue Formen hervorbrechen, die im gegenwärtigen Rahmen völlig unvorhersehbar sind. Alles verknüpft sich mit allem. Unsere Grenzen lösen sich in eine Art technisch-biologische Informationssuppe auf. Und welcher Wille wirkt hinter all dem? Kein anderer als der Gaias!

Was da geschieht, gleicht der Metamorphose, die in einer Schmetterlingspuppe vor sich geht. Dies ist ein Planet, dessen Wälder verschwinden, dessen Ozeane verkochen, dessen Bevölkerungen wandern, dessen Gene in alle Richtungen strömen, mit abartigen Giftstoffen daruntergemischt. Wir leben in einem Zeitsturm, dessen Ausmaße sich unmöglich abschätzen lassen. Der Atmosphärendruck fällt schneller, als wir es je zuvor erlebt haben, und es herrscht eine unheimliche Stille, und das Licht am Himmel sieht sehr sonderbar aus, aber noch ist nichts Definitives geschehen.

RUPERT: Ein atomarer Holocaust, in dem die Christenheit sich selbst zerstörte, wäre eine selbst heraufbeschworene Apokalypse. Die Umweltbedrohung ist viel globaler. Wir sollten unsere Aufmerksamkeit von den Gefahren eines Atomkrieges abziehen und uns dem globalen Problem zuwenden. Der Punkt Omega, den Terence zu beschreiben versucht, verlangt einen allumfassenden, kollektiven Wandel des menschlichen Bewußtseins. Der könnte ohne ein Massensterben durch etwas erreicht werden, das du sehr anschaulich als eine kollektive halluzinogene Erfahrung geschildert hast.

Terence: Jedes Menschenleben wird letztlich zu einer Auseinandersetzung mit dieser Frage der Endzeit. Auch wenn man nicht gerade zur Zeit des Weltendes lebt, ist damit nicht gesagt, daß man sich nicht mit der Frage der Endzeit auseinandersetzen müßte. Wir sterben alle einmal. Bloß daß es heute möglich ist, den Tod des einzelnen *und* den Tod der Art als reale Möglichkeiten zu begreifen.

Ralph: Und den Tod aller anderen Arten.

Terence: Viele Traditionen lehren, das Leben sei Organisation zu dem Zweck, eine Art Jenseitsfahrzeug in einer höheren Dimension zu erschaffen, das den Übergang überleben wird. Der Bau eines solchen Fahrzeugs erscheint als der eigentliche Sinn des Lebens. Dies ist der Übergang ins Licht, den so viele Traditionen vorausgesehen haben.

Rupert: Die Ansicht der Menschen darüber, was mit ihnen nach dem Tode passiert, bestimmt die Art, wie sie dem Tod begegnen. Viele Leute, die eine Nahtodeserfahrung gemacht haben, sagen, daß sie den Tod nicht mehr fürchten, weil sie wissen, daß noch etwas danach kommt. Es könnte sein, daß gewaltige Menschenmengen, die zur gleichen Zeit die Schranke des Todes passieren, eine Gruppenseele erzeugen, wie es sie niemals zuvor gegeben hat.

Das betrifft unsere Frage, wieso die Apokalypse ein so starker Attraktor ist. Der Attraktor hinter der drohenden Vernichtung könnte ein anderer Daseinszustand sein, der im Vergleich mit allem, was wir hier kennen, außerordentlich glückselig und viel vollkommener ist. Das ist die Phantasie der Rückkehr nach Eden, ins Gelobte Land. Daran ist etwas

Magisches und unendlich Reizvolles, das den gesamten historischen Prozeß motiviert.

RALPH: Die Verzückung. Sie ist das Gegengift, das der apokalyptischen Vision des Johannes mehr oder weniger mit untergerührt ist.

RUPERT: Ein Element möchte ich diesem Gedankengang noch hinzufügen. Ich nahm kürzlich an einer Diskussion mit Brian Swimme teil, der den Gedanken spann, daß das Universum wie ein sich entwickelnder Organismus Phasen hat, in denen ganz bestimmte Dinge passieren. In einem evolutionären Kosmos gibt es einen Zeitpunkt, wo sich Atome bilden. Dann gibt es einen Zeitpunkt, wo Galaxien entstehen. Dann gibt es einen Zeitpunkt, wo die Sterne alt genug sind, um als Supernova zu explodieren und den Sternenstaub freisetzen, aus dem die Planeten entstehen. Wie ein wachsender Embryo hat die kosmische Evolution bestimmte Zeiten oder Phasen, die im ganzen Universum ungefähr synchron sind. Wenn es auf anderen Planeten Leben gibt, ist die Stufe, auf der es steht, von unserer Stufe vielleicht nicht sehr verschieden.

Ich hatte meinerseits über die parallele Entwicklung auf anderen erdähnlichen Planeten und ihre möglichen Auswirkungen auf unseren durch morphische Resonanz nachgedacht. Also bat ich ihn um eine grobe Schätzung, wie nahe die Entwicklung solcher anderen erdähnlichen Planeten unserer eigenen sein könnte. Er nannte eine Spanne von 50 000 bis 500 000 Jahren! Wenn zwischen ähnlichen Planeten wirklich eine morphische Resonanz besteht, dann macht das Erscheinen einer neuen Form auf der Erde ihr Erscheinen auf anderen Planeten wahrscheinlicher. Wenn irgendwelche Planeten weit voraus wären, würde die morphische Resonanz dahin wirken, daß die anderen sie einholen. Bei kosmischer Synchronisation durch morphische Resonanz könnte es auch zu einer Art kosmischer Apokalypse kommen.

RALPH: Tod im kosmischen Maßstab.

RUPERT: Oder die totale Umwandlung der Weltseele.

RALPH: Tja, ich hoffe, wir können den Apokalypsemythos umfunktionieren und ihn zu etwas anderem als zur Vernichtung gebrauchen.

RUPERT: In den grünen psychedelischen Kirchen des Amazonasgebietes gibt es eine Inkaversion des Apokalypsemythos, in der in den letzten Tagen ein Drache kommt und den Wald frißt, alles verbrennt und zerstört. In den letzten Tagen wird der Kampf zwischen der Schlange und den Kräften des Lebens immer heftiger. Die Menschen werden gezwungen, Partei zu ergreifen. Es ist nicht mehr möglich, sich auf den Zaun zu setzen und zuzuschauen, weil der Zaun selbst einstürzt. Mit dem Nahen des neuen Jahrtausends wird es eine krasse Polarisierung geben, weil diese Kräfte immer mächtiger werden und sich für den Endkampf rüsten. Durch den Glauben an den Sieg über den Drachen wird dann der Sieg errungen.

Ein Drache wird übrigens auch ganz am Anfang der angelsächsischen liberalen politischen Theorie prophezeit. In Hobbes' Modell sind die Individuen wie Atome im Körper des Leviathan. Der Drache, der den Amazonaswald zerstört, ist der große Leviathan der modernen Gesellschaft. Der Kampf ist gegenwärtig im Gange; der Ausgang ist ungewiß.

Das apokalyptische Modell auszuradieren, es abzuschütteln, zu unterdrücken oder aus unserer Psyche herauszuoperieren, ist vielleicht nicht mehr möglich. Der Drache der Zerstörung, der Leviathan, wird selbst von einem chiliastischen Glauben angetrieben, dem Traum, die Natur zu erobern und ihre destruktiven Kräfte zu unterwerfen. Während für die Helden des wissenschaftlichen Fortschritts der Drache die Natur war, ist der Drache für die heutigen Grünen das menschliche System: der Leviathan verschlingt die Wälder, verbrennt alles, vergiftet die Welt.

Wir stehen mitten in dem chiliastischen Prozeß drin. Nur ein anderes chiliastisches Szenarium kann das ältere, das sich als so zerstörerisch erwiesen hat, aufheben.

RALPH: Aus dem Chaos sind wir gekommen, ins Chaos müssen wir zurück.

TERENCE: Ja, und ein anderer Name für Chaos ist die ungeahnte Möglichkeit.

Literaturverzeichnis

Abraham, R., und Shaw, C. D.: *Dynamics. The Geometry of Behavior*, 2. Ausgabe, Reading, MA (Addison-Wesley) 1992.
Abraham, R.: *Gaia, Chaos, and Eros. The Orphic Trinity in Myth and Science*, in Vorbereitung.
Argüelles, J.: *The Mayan Factor: Path Beyond Technology*, Santa Fe, NM (Bear & Co.) 1987 (dt.: *Der Maya-Faktor. Geheimnisse einer außerirdischen Kultur*, München [Goldmann] 1990).
Bergson, H.: *Creative Evolution*, London (Macmillan) 1911.
Eisler, R.: *The Chalice and the Blade*, San Francisco (Harper & Row) 1987 (dt.: *Von der Partnerschaft zur Herrschaft).*
Eliade, M.: *Shamanism: Archaic Techniques of Exstasy*, New York (Pantheon Books) 1964 (dt.: *Schamanismus und archaische Ekstasetechnik*, Frankfurt [Suhrkamp] 1975).
Fox, M.: *The Coming of the Cosmic Christ*, New York (Harper & Row) 1988 (dt.: *Vision vom Kosmischen Christus*, Stuttgart [Kreuz Verlag] 1991).
Gimbutas, M.: *The Goddesses and God of AncientEurope*,Berkeley, CA (University of California Press) 1982.
Graves, R.: *Difficult Questions, Easy Answers*, New York (Doubleday) 1964.
–: *Food for Centaurs*, New York (Doubleday) 1960.
–: *The White Goddess*, New York (Creative Age Press) 1948.
Haraway, D. J.: *Crystals, Fabrics, and Fields: Metaphors of Organicism in Twentieth-Century Developmental Biology*, New Haven, CT (Yale University Press) 1976.

Hoffer, A., und Osmond, H.: *The Hallucinogens,* New York (Academic Press) 1967.

Huxley, A.: *The Doors of Perception,* New York (Harper & Row) 1970 (dt.: *Die Pforten der Wahrnehmung,* München [Piper] 13. Aufl. 1989).

-: *Island,* New York (Harper & Row) 1972 (dt.: *Eiland,* München [Piper] 5. Aufl. 1991).

-: *Moksha,* Hrsg. v. Horowitz, M./Palmer, C., Los Angeles /J. P. Tarcher) 1977 (dt.: *Moksha. Auf der Suche nach der Wunderdroge,* München [Piper] 2. Aufl. 1987).

Jantsch, E.: *Design for Evolution,* New York (George Braziller) 1975.

-, und Waddington, C. H.: *Evolution and Consciousness,* London (Addison-Wesley) 1976.

-: *The Self-Organizing Universe,* New York (Pergamon Press) 1980 (dt.: *Die Selbstorganisation des Universums,* München [dtv] 1982).

Jaynes, J.: *The Origin of Consciousness in the Breakdown of the Bicameral Mind,* Boston (Houghton Mifflin) 1977 (dt.: *Der Ursprung des Bewußtseins durch den Zusammenbruch der bikameralen Psyche,* Hamburg [Rowohlt] 1988).

Jung, C. G.: *Flying Saucers: A Modern Myth of Things Seen in the Sky,* Princeton, NJ (Princeton University Press) 1978 (dt.: *Geheimnisvolles am Horizont. Von Ufos und ähnlichen Phänomenen,* Olten und Freiburg i. Br. [Walter] Neuausgabe 1992).

-: *Mysterium Coniunctionis,* New York (Pantheon Books) 1963 (dt.: *Mysterium Coniunctionis. Untersuchung über die Trennung und Zusammensetzung der seelischen Gegensätze in der Alchemie,* Gesammelte Werke, Bd. 14/I, II, Olten und Freiburg i. Br. [Walter] 5. Aufl. 1990).

-: *Psychology and Alchemy,* London (Routledge & Kegan Paul) 1953 (dt.: *Psychologie und Alchemie,* Gesammelte Werke Bd. 12, Olten und Freiburg i. Br. [Walter] 6. Aufl. 1990).

Koestler, A.: *The Ghost in the Machine,* New York (Macmillan) 1967 (dt.: *Von Heiligen und Automaten,* Bern. u. a. [Scherz] 1961).

Lovelock, J.: *The Ages of Gaia: A Biography of Our Living Earth,* New York (Bantam Books) 1988 (dt.: *Das Gaia-Prinzip,* München [Artemis] 1991).

-: *Gaia - The Practical Science of Planetary Medicine,* London (Gaia Books) 1991 (dt.: *Gaia. Die Erde ist ein Lebewesen,* Bern [Scherz] 1992).

Mandelbrot, B.: *The Fractal Geometry of Nature,* San Francisco (Freeman & Co.) 1977 (dt.: *Die fraktale Geometrie der Natur,* Basel [Birkhäuser] 5. Aufl. 1989).

McKenna, D., und McKenna, T.: *The Invisible Landspace,* New York (Seabury Press) 1975.

McKenna, T.: *The Archaic Revival,* San Francisco (Harper San Francisco) 1992.

–: *Food of the Gods,* New York (Bantam) 1992.

Munn, H.: «The Mushrooms of Language», in *Shamanism and Hallucinogens,* hrsg. v. M. Harner, London (Oxford University Press) 1973.

Oss, O. T., und Oeric, O. N.: *Psylocybin: Magic Mushroom Grower's Guide,* Berkeley, CA (Lux Natura) 1985.

Otto, W. F.: *Dionysus: Myth and Cult,* Bloomington (Indiana University Press) 1965.

Prigogine, I.: *From Being to Becoming,* San Francisco (Freeman & Co.) 1980 (dt.: *Vom Sein zum Werden. Zeit und Komplexität in den Naturwissenschaften,* München [Piper] 5. Aufl. 1988).

–, und Nicolis, G.: *Self-Organization in Nonequilibrium Systems,* New York (John Wiley & Sons) 1977 (dt.: *Die Erforschung des Komplexen. Auf dem Weg zu einem neuen Verständnis der Naturwissenschaften,* München [Piper] 1987).

Schultes, R. E., und Hofmann, A.: *The Botany and Chemistry of Hallucinogens,* Springfield (Thomas) 1973.

–, –: *Plants of the Gods,* Maidenhead, England (McGraw-Hill) 1979 (dt.: *Pflanzen der Götter. Die magischen Kräfte der Rausch- und Giftgewächse,* Bern und Stuttgart [Hallwag] 1980).

Sheldrake, R.: *A New Science of Life,* Los Angeles (J. P. Tarcher) Neuausgabe 1988 (dt.: *Das schöpferische Universum,* München [Goldmann] 1985).

–: *The Presence of the Past,* New York (Times Books) 1988 (dt.: *Das Gedächtnis der Natur. Das Geheimnis der Entstehung der Formen in der Natur,* Bern u. a. [Scherz] 5. Aufl. 1991).

–: *The Rebirth of Nature,* New York (Bantam Books) 1991 (dt.: *Die Wiedergeburt der Natur. Wissenschaftliche Grundlagen eines neuen Verständnisses der Lebendigkeit und Heiligkeit der Natur,* Bern u. a. [Scherz] 3. Aufl. 1992).

Smith, P.: *The Killing of the Spirit,* New York (Viking Press) 1990.

Stewart, I.: *Does God Play Dice?,* Oxford (Basil Blackwell) 1989 (dt.: *Spielt Gott Roulette? Chaos in der Mathematik,* Basel [Birkhäuser] 1990).

Thom, R.: *Structural Stability and Morphogenesis,* Reading, MA (Addison-Wesley) 1975.

Waddington, C. H.: *The Nature of Life,* London (George Allen & Unwin) 1961.

–: *The Strategy of Genes,* London (George Allen & Unwin) 1957.

Waite, A. E.: *Book of Ceremonial Magic,* Secaucus, NJ (Citadel Press) 1970.

Wasson, R. G.: *Soma: Divine Mushroom of Immortality,* New York (Harcourt Brace Jovanovich) 1971.

–, Hofmann, A., und Ruck, C. A.: *The Road to Eleusis,* New York (Harcourt Brace Jovanovich) 1978 (dt.: *Der Weg nach Eleusis. Das Geheimnis der Mysterien,* Frankfurt a. M. [Suhrkamp] 1990).

–: *Persephone's Quest: Entheogens and the Origins of Religion,* New Haven (Yale University Press) 1986.

Whitehead, A. N.: *Process and Reality,* New York (Macmillan) 1929 (dt.: *Prozeß und Realität. Entwurf einer Kosmologie,* Frankfurt a. M. [Suhrkamp] 1987).

Wolfson, H. A.: *Philo,* 2 Bde., Cambridge, MA (Harvard University Press) 1947.

Register